从零开始

开始

中文版

Flash CS5

基础培训教程

老虎工作室

宋一兵　马震　郝迷花　编著

人民邮电出版社

北　京

图书在版编目（ＣＩＰ）数据

Flash CS5中文版基础培训教程／宋一兵，马震，郝
迷花编著. -- 北京：人民邮电出版社，2012.3
（从零开始）
ISBN 978-7-115-26684-2

Ⅰ．①F… Ⅱ．①宋… ②马… ③郝… Ⅲ．①动画制
作软件，Flash CS5－技术培训－教材 Ⅳ．①TP391.41

中国版本图书馆CIP数据核字(2011)第270787号

内 容 提 要

　　Flash 是目前最受欢迎的矢量动画制作软件，其思想先进、功能强大，在网页制作、多媒体、影视等领域都有着广泛应用。

　　本书系统地介绍了最新版本的 Flash CS5 的功能和用法，以实例为引导，循序渐进地讲解了如何在 Flash CS5 中创建基本动画元素、引入素材、建立和使用元件，如何制作补间动画、特殊动画、图层动画等，说明了绘图工具、3D 工具、骨骼工具的基本用法，分析了 ActionScript 3.0 的基本概念和语法规则，通过实例说明了如何设计脚本动画和交互式动画，最后还详细介绍了组件、音视频等在动画中的具体应用。在每讲后面都配有针对性的习题，可以加深读者对学习内容的理解和掌握。

　　本书按照职业教育的特点组织内容，图文并茂，生动活泼，适合作为 Flash CS5 动画制作的基础培训教程，也可以作为广大个人用户、大中专院校学生的自学教材和参考书。

从零开始——Flash CS5 中文版基础培训教程

◆ 编　著　老虎工作室　宋一兵　马　震　郝迷花
　　责任编辑　李永涛

◆ 人民邮电出版社出版发行　　北京市崇文区夕照寺街 14 号
　　邮编　100061　电子邮件　315@ptpress.com.cn
　　网址　http://www.ptpress.com.cn
　　北京精彩雅恒印刷有限公司印刷

◆ 开本：787×1092　1/16
　　印张：11.5
　　字数：250 千字　　　　　　　　2012 年 3 月第 1 版
　　印数：1- 4 000 册　　　　　　　2012 年 3 月北京第 1 次印刷

ISBN 978-7-115-26684-2

定价：32.00 元

读者服务热线：**(010)67132692**　印装质量热线：**(010)67129223**
反盗版热线：**(010)67171154**
广告经营许可证：京崇工商广字第 0021 号

老虎工作室

主　编：沈精虎

编　委：许日滨　　黄业清　　姜　勇　　宋一兵　　高长铎
　　　　田博文　　谭雪松　　向先波　　毕丽蕴　　郭万军
　　　　宋雪岩　　詹　翔　　周　锦　　冯　辉　　王海英
　　　　蔡汉明　　李　仲　　赵治国　　赵　晶　　张　伟
　　　　朱　凯　　臧乐善　　郭英文　　计晓明　　孙　业
　　　　滕　玲　　张艳花　　董彩霞　　郝庆文　　田晓芳

关 于 本 书

Flash CS5是Adobe公司出品的交互式动画制作软件，由于其思想先进、功能强大，在全世界受到了广泛的欢迎。利用其制作的矢量动画，文件数据量非常小，可以任意缩放，并可以以"流"的形式在网络上传输，这对于动画作品的网络应用是十分有利的。

内容和特点

本书面向初级用户，深入浅出地讲解了Flash CS5的主要功能和用法。按照初学者一般性的认知规律，从基础入手，循序渐进地讲解了如何在Flash CS5中创建基本动画元素、引入素材、建立和使用元件，如何制作补间动画、特殊动画、图层动画等，说明了绘图工具、3D工具、骨骼工具的基本用法，分析了面向对象设计的编程思想、ActionScript 3.0的基本概念和语法规则，通过实例说明了如何设计脚本动画和交互式动画，最后还详细介绍了组件、音视频等在动画中的具体应用。通过这些知识，读者能够对Flash CS5有一个完整、清晰的初步认识，基本掌握常用动画作品的设计方法。

为了使读者能够迅速掌握Flash CS5，书中对于每个知识点都通过实例来解析，用详细的操作步骤引导读者跟随练习，进而熟悉软件中各个绘图和编辑工具的使用方法，掌握各种类型动画的设计方法，并理解动作脚本在复杂动画和交互式动画设计中的重要作用。在每讲后面都配有针对性的习题，可以加深读者对学习内容的理解和掌握。

本书根据作者多年使用Flash进行动画设计制作的实践经验，按照案例式教学的写作模式，深入浅出、图文并茂，全面剖析了Flash CS5的基本功能及其典型应用。

读者对象

本书以介绍Flash CS5的基本操作、基础知识为主，主要面向Flash CS5的初学者以及在Flash应用方面有一定基础并渴望提高的人士，包括学习和创作网页动画、多媒体动画的初级创作人员。

同时，本书也是一本内容全面、操作性强、实例典型的入门教材，特别适合作为各类讲授"Flash动画制作"课程培训班的基础教程，也可以作为广大家庭用户、中小学教师、大中专院校相关专业学生的自学用书和参考书。

配套资源内容

为了满足培训的需求，我们为本书提供了配套资源文件。包括各讲实例和习题的全部源文件（.fla）、动画文件（.swf）以及用到的素材，这些文件都被保存在与各讲相对应的文件夹中。同时，部分实训的制作过程都被采集成视频文件（.avi），以便于读者对照练习。相信对读者的学习和设计会带来有益的帮助。读者可以到天天课堂网站（http://www.ttketang.com）上调用和参考这些文件。

1. 素材及结果文件

在制作动画实例中，需要根据书中提示打开配套资源中相应位置的源文件或导入素材文件，然后进行下一步操作。这些素材文件分别保存在与案例对应的各讲文件夹中，读者可以使用Flash CS5打开所需要的文件。

注意： 网络上的文件都是"只读"的，读者可以先将这些文件复制到硬盘上，去掉文件的"只读"属性，然后再使用。

2. 实例操作视频文件

播放与各讲相对应的文件夹中的视频（".avi"）文件，可以观看各实训及课后作业的实现过程。一般情况下，用Windows自带的媒体播放器就可以正常播放视频。

感谢您选择了本书，也欢迎您把对本书的意见和建议告诉我们。

老虎工作室网站 www.laohu.net，电子函件ttketang@163.com。

老虎工作室

2011年10月

目　录

第1讲
Flash CS5概述

　　Flash动画是一种矢量动画格式，具有文件数据量小、图像质量高、能够交互操作、使用流媒体播放等诸多优点，是当今主流的网络动画格式。目前，世界上几乎所有的网站都使用Flash动画来表现内容，使其成为网络动画行业事实上的行业标准。

　　除了制作网页动画之外，Flash还被广泛应用于交互式软件的开发、多媒体展示和教学等领域。另外，Flash在影视制作中也同样能够一展身手。

【本讲课时】

　　本讲课时为2小时。

【教学目标】

- 认识Flash CS5操作界面。
- 了解Flash的基本操作。
- 掌握作品测试的方法。
- 掌握Flash作品导出与发布的方法。

1.1 动画设计基础

　　虽然许多人是看着动画片长大的，但是对于"什么是动画"这一问题，能够回答正确的人不多。动画究竟是什么呢？动画是一门在某种介质上记录一系列单个画面，并通过一定的速率回放所记录的画面而产生运动视觉的技术。动画中包含了大量的多媒体信息，融合了图、文、声、像等多种媒体形式。

1.1.1 动画基本原理

　　19世纪20年代，英国科学家发现了人眼的"视觉暂留"现象。人体的视觉器官，在看到的物象消失后，仍可暂时保留视觉的印象。经科学家研究证实，视觉印象在人的眼中大约可保持0.1s之久。如果两个视觉印象之间的时间间隔不超过0.1s，那么前一个视觉印象尚未消失，而后一个视觉印象已经产生，并与前一个视觉印象融合在一起，就形成视觉残（暂）留现象。电影就是利用人们眼睛的这个特点，将画面内容以一定的速度连续播放，从而造成景物活动的感觉。

　　一般我们看到的电影，主要包括两种类型：一种是用摄像机拍摄的真实景物，称为视频影片；另一种是依靠人工或计算机绘制的虚拟景物，称为动画影片。虽然二者表现的内容、对象有所区别，但它们的基本原理是一致的。

　　在传统动画制作过程中，往往每幅画都要人工绘制，工作量大、技术要求高、效率低。而计算机动画软件的使用，大大改变了这一切，它方便快捷，简化了工作程序，提高了工作效率，并且还能够实现过去无法实现的效果，强化了视觉冲击力。通过对Flash CS5的学习，读者会深刻感受到这一点。

　　在计算机动画制作中，构成动画的一系列画面叫做帧。因此，帧也就是动画在最小时间单位里出现的画面。Flash CS5动画是以时间轴为基础的帧动画，每一个Flash CS5动画作品都以时间为顺序，由先后排列的一系列帧组成。每一秒中包含多少帧数，叫做帧频率或者帧率。通过帧率，还可以计算动画的时间长度。比如Flash CS5的默认帧率是12f/s（帧/秒），这意味着动画的每一秒要显示12帧画面，如果动画共有24帧，整个动画就有2s。如果帧率是24帧/秒，那么24帧动画就会持续1s。一般来讲，电影采用了每秒24幅画面的速度拍摄和播放，电视采用了每秒25幅（PAL制）或30幅（NSTC制）画面的速度拍摄和播放。如果以每秒低于24幅画面的速度拍摄和播放，就会出现停顿现象。网络动画发展的早期，由于网络传输速率的限制，特别是拨号上网速率的限制，网络动画的帧率一般都设置得比较低，因此会经常看到画面的停顿现象。

　　制作动画的重点在于研究物体怎样运动，其意义远大于单帧画面的绘制。所以相对每一帧画面，制作者更应该关心前后两帧画面之间的变化，以及由此产生的运动效果。这也是动画和漫画的重要差别。

1.1.2 图形、图像基本知识

一、图形与图像

计算机屏幕上显示出来的画面与文字通常有两种描述方法：一种称为矢量图形或几何图

形，简称图形（Graphics）；另一种称为点阵图像或位图图像，简称图像（Image）。

矢量图形是用一个指令集合来描述的。这些指令描述构成一幅图形的所有图元（直线、圆形、矩形、曲线等）的属性（位置、大小、形状、颜色）。显示时，需要相应的软件读取这些指令，并将其转变为计算机屏幕上所能够显示的形状和颜色。矢量图形的优点是可以方便地实现图形的移动、缩放和旋转等变换。绝大多数CAD软件和动画软件都是使用矢量图形作为基本图形存储格式的。

位图图像是由描述图像中各个像素点的亮度与颜色的数值集合组成的。它适合表现比较细致，层次和色彩比较丰富，包含大量细节的图像。因为位图必须指明屏幕上显示的每个像素点的信息，所以所需的存储空间较大。显示一幅图像所需的CPU计算量要远小于显示一幅图形的CPU计算量，这是因为显示图像一般只需把图像写入到显示缓冲区中，而显示一幅图形则需要CPU计算组成每个图元（如点、线等）的像素点的位置与颜色，这需要较强的CPU计算能力。

二、亮度、色调和饱和度

只要是色彩都可用亮度、色调和饱和度来描述，人眼中看到的任一色彩都是这3个特征的综合效果。那么亮度、色调和饱和度分别指的是什么呢？

- 亮度：是光作用于人眼时所引起的明亮程度的感觉，它与被观察物体的发光强度有关。
- 色调：是当人眼看到一种或多种波长的光时所产生的彩色感觉，它反映颜色的种类，是决定颜色的基本特性，如红色、棕色就是指色调。
- 饱和度：指的是颜色的纯度，即掺入白光的程度，或者说是指颜色的深浅程度，对于同一色调的彩色光，饱和度越深颜色越鲜明或说越纯。

通常把色调和饱和度统称为色度。一般说来，亮度是用来表示某彩色光的明亮程度，而色度则表示颜色的类别与深浅程度。除此之外，自然界常见的各种颜色光，都可由红（R）、绿（G）、蓝（B）3种颜色光按不同比例相配而成，同样绝大多数颜色光也可以分解成红、绿、蓝3种色光，这就形成了色度学中最基本的原理——三原色原理（RGB）。

三、分辨率

分辨率是影响位图质量的重要因素，分为屏幕分辨率、图像分辨率、显示器分辨率和像素分辨率。在处理位图图像时要理解这4者之间的区别。

- 屏幕分辨率：指在某一种显示方式下，以水平像素点数和垂直像素点数来表示计算机屏幕上最大的显示区域。例如，VGA方式的屏幕分辨率为640×480，SVGA方式为1 024×768。
- 图像分辨率：指数字化图像的大小，以水平和垂直的像素点表示。当图像分辨率大于屏幕分辨率时，屏幕上只能显示图像的一部分。
- 显示器分辨率：指显示器本身所能支持各种显示方式下最大的屏幕分辨率，通常用像素点之间的距离来表示，即点距。点距越小，同样的屏幕尺寸可显示的像素点就越多，自然分辨率就越高。例如，点距为0.28mm的14英寸显示器，它的分辨率即为1 024×768。
- 像素分辨率：指一个像素的宽和长的比例（也称为像素的长宽比）。在像素分辨率不

同的计算机上显示同一幅图像，会得到不同的显示效果。

四、图像色彩深度

图像色彩深度是指图像中可能出现的不同颜色的最大数目，它取决于组成该图像的所有像素的位数之和，即位图中每个像素所占的位数。例如，图像深度为24，则位图中每个像素有24个颜色值，可以包含16 772 216种不同的颜色，称为真彩色。

生成一幅图像的位图时要对图像中的色调进行采样，调色板随之产生。调色板是包含不同颜色的颜色表，其颜色数依图像深度而定。

五、图像文件的大小

图像文件的大小是指在磁盘上存储整幅图像所占的字节数，可按下面的公式进行计算。

文件字节数＝图像分辨率（高×宽）×图像深度÷8

例如，一幅1 024×768大小的真彩色图片所需的存储空间为：

1 024×768×24÷8＝2 359 296Byte＝2 304KB。

显然图像文件所需的存储空间很大，因此存储图像时必须采用相应的压缩技术。

六、图像类型

数字图像最常见的有3种：图形、静态图像和动态图像。

- 图形一般是指利用绘图软件绘制的简单几何图案的组合，如直线、椭圆、矩形、曲线或折线等。
- 静态图像一般是指利用图像输入设备得到的真实场景的反映，如照片、印刷图像等。
- 动态图像是由一系列静止画面按一定的顺序排列而成的，这些静止画面被称为动态图像的"帧"。每一帧与其相邻帧的内容略有不同，当帧画面以一定的速度连续播放时，由于视觉的暂留现象而造成了连续的动态效果。动态图像一般包括视频和动画两种类型：对现实场景的记录被称为视频；利用动画软件制作的二维或三维动态画面被称为动画。为了使画面流畅没有跳跃感，视频的播放速度一般应达到24～30帧/秒，动画的播放速度要达到20帧/秒以上。

七、常见图像格式

静态图像存储格式主要有BMP、GIF（Graphics Interchange Format）、JPEG（Joint Photographic Experts Group）、TIFF（Tag Image File Format）、PCX、TGA（Tagged Graphics）、WMF（Windows Metafile）、EMF（Enhanced Metafile）和PNG（Portable Network Graphics）等。

常用的视频文件格式主要有AVI（*.avi）、QuickTime（*.mov/*.qt）、MPEG（*.mpeg/*.mpg/*.dat）和Real Video（*.rm）等。

1.2 功能讲解

1996年8月，乔纳森·盖伊和他的6人小组研制开发了图像软件Future Splash Animator，该软件能够在较小的网络带宽下实现较好的动画和互动效果。1996年11月，Macromedia 公司收购了Future Splash Animator，并将该软件更名为Macromedia Flash 1.0。2005年，Adobe公司收购Macromedia公司后，Flash也从一款专业的动画创作工具发展成为一款功能强大的网络多媒

体创作工具，能够设计包含交互式动画、视频、网站和复杂演示文稿在内的各种网络作品。2010年4月，Adobe推出了Flash CS5版本。

1.2.1 Flash CS5界面

运行Flash CS5，稍后会自动出现Flash CS5的初始用户界面。这是一个创建文件、辅助学习的选择面板。

一般情况下，当用户需要创建一个新的Flash动画时，可以选择【ActionScript 3.0】选项，直接进入Flash CS5的操作界面，如图1-1所示。界面采用了一系列浮动的可组合面板，用户可以按照自己的需要调整其状态，使用更加简便。

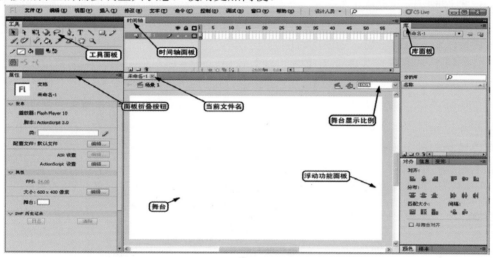

图1-1　Flah CS5操作界面

Flash CS5的操作界面主要包括系统菜单栏、场景与舞台、时间轴、工具、属性面板、库以及对齐、变形等功能面板。下面对各部分的功能进行简要介绍，使大家对它们有一个整体的感性认识。其具体应用方法将在后面的各讲中结合实例详细介绍。

一、系统菜单栏

系统菜单栏中主要包括【文件】、【编辑】、【视图】、【插入】、【修改】、【文本】、【命令】、【控制】、【调试】、【窗口】和【帮助】等菜单，每个菜单又都包含了若干菜单项。它们提供了包括文件操作、编辑、视窗选择、动画帧添加、动画调整、字体设置、动画调试和打开浮动面板等一系列命令。

二、场景和舞台

在当前编辑的动画窗口中，我们把动画内容编辑的整个区域叫做场景。在电影或话剧中，经常要更换场景。通常，在Flash动画中，为了设计的需要，也可以更换不同的场景，每个场景都有不同的名称。可以在整个场景内进行图形的绘制和编辑工作，但是最终动画仅显示场景中白色（也可能会是其他颜色，这是由动画属性设置的）区域内的内容，我们就把这个区域称为舞台。而舞台之外的灰色区域的内容是不显示的，我们把这个区域称为后台区，如图1-2所示。

舞台是绘制和编辑动画内容的矩形区域，动画内容包括矢量图形、文本框、按钮、导入

的位图图像或视频等。动画在播放时仅显示舞台上的内容，对于舞台之外的内容是不显示的。

在设计动画时往往要利用后台区做一些辅助性的工作，但主要的内容都要在舞台中实现。这就如同演出一样，在舞台之外（后台）可能要做许多准备工作，但真正呈现给观众的就只是舞台上的表演。

图1-2 场景与舞台

三、时间轴

时间轴用于组织和控制文档内容在一定时间内播放的层数和帧数，就像剧本决定了各个场景的切换以及演员的出场、表演的时间顺序一样。

【时间轴】面板有时又被称为【时间轴】窗口，其主要组件是层、帧和播放头，还包括一些信息指示器，如图1-3所示。【时间轴】窗口可以伸缩，一般位于动画文档窗口内，可以通过鼠标拖动使它独立出来。按其功能来看，【时间轴】窗口可以分为左、右两部分：层控制区和帧控制区。时间轴显示文档中哪些地方有动画，包括逐帧动画、补间动画和运动路径，可以在时间轴中插入、删除、选择和移动帧，也可以将帧拖到同一层中的不同位置，或是拖到不同的层中。

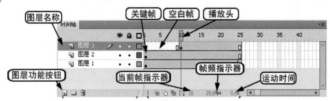

图1-3 【时间轴】窗口

帧是进行动画创作的基本时间单元，关键帧是对内容进行了编辑的帧，或包含修改文档的"帧动作"的帧。Flash可以在关键帧之间补间或填充帧，从而生成流畅的动画。

层就像透明的投影片一样，一层层地向上叠加。用户可以利用层组织文档中的插图，也可以在层上绘制和编辑对象，而不会影响其他层上的对象。如果一个层上没有内容，就可以透过它看到下面的层。当创建了一个新的Flash文档之后，它就包含一个层，用户可以添加更多的层，以便在文档中组织插图、动画和其他元素。可以创建的层数只受计算机内存的限制，而且层不会增加发布后的SWF文件的文件大小。

四、浮动功能面板

Flash CS5中有许多功能面板，这些面板都可以通过【窗口】菜单中的子菜单来打开和关闭。面板可以根据用户的需要进行拖动和组合，一般拖动到另一个面板的临近位置时，它们就会自动停靠在一起；若拖动到靠近右侧边界，面板就会折叠为相应的图标。

(1) 工具面板

Flash利用面板的方式对常用工具进行组织。【工具】面板提供了各种工具，可以绘图、上色、选择和修改插图，并可以更改舞台的视图，如图1-4所示。面板分为如下几部分。

- 【选择调整】区域：包含选择、变形、旋转、套索等工具。
- 【绘画编辑】区域：包含钢笔、文本、线条形状等基本绘图工具，以及骨骼、颜料、

滴灌、擦除等编辑工具。

- 【移动缩放】区域：包含在应用程序窗口内进行缩放和移动的工具。
- 【颜色填充】区域：包含用于笔触颜色和填充颜色的工具。
- 【工具选项】区域：显示当前所选工具的功能和属性。

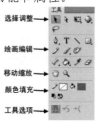

图1-4 【工具】面板和功能面板

(2) 【属性】面板

【属性】面板也称为【属性】检查器。使用【属性】面板可以很方便地查看舞台或时间轴上当前选定的文档、文本、元件、位图、帧或工具等的信息和设置。当选定了两个或多个不同类型的对象时，它会显示选定对象的总数。【属性】面板会根据用户选择对象的不同而变化，以反映当前对象的各种属性。

(3) 【库】面板

【库】面板用于存储和组织在Flash中创建的各种元件以及导入的文件，包括位图图像、声音文件和视频剪辑等。【库】面板可以组织文件夹中的库项目，查看项目在文档中使用的频率，并按类型对项目排序。

此外，还有动作、历史记录、对齐、信息、变形、颜色、样本等各种辅助面板，其功能都比较明确，这里就不一一介绍。后面在具体的动画设计中会用到的。

五、 工作区布局

工作区是指整个用户界面，包括界面的大小、各个面板的位置形式等。用户可以自定义工作区：首先按照自己的使用需要和个人爱好对界面进行调整，然后选择【窗口】/【工作区】/【新建工作区】命令，就可以将

当前的工作区风格保存下来。

Flash系统提供了几种典型的工作区布局。从系统菜单栏中选择【窗口】项，在其下拉菜单中展开【工作区】子菜单，可以看到其中列出的几种布局形式，如图1-5所示。选择不同的类型，Flash用户界面上各个功能面板的位置就会发生变化。

图1-5 工作区布局

1.2.2 动画的测试

最简单的动画测试方法是直接使用编辑环境下的播放控制器。从系统菜单栏中选择【窗口】/【工具栏】/【控制器】命令，会出现【控制器】面板，如图1-6所示。利用其中的按钮可以实现动画的播放、暂停、逐帧前进或倒退等操作。

图1-6 独立的控制器

对于简单的动画来说，如补间动画、逐帧动画等，都可以利用播放控制器进行测试。当作品中含有影片剪辑元件实例、多个场景或动作脚本时，直接使用编辑界面内的播放控制按钮就不能完全正常地显示动画效果了，这时就需要利用【测试影片】命令对动画进行专门的测试。

1. 选择【文件】/【打开】菜单命令，弹出【打开】对话框，选择需要打开的文件夹，如图1-7所示，其中罗列了当前文件夹下的文件。
2. 选择"测试.fla"文件，然后单击 打开(0) 按钮，则该文件被调入Flash CS5中并打开。这时就能够对其进行编辑了。
3. 选择【控制】/【测试影片】命令，进入

动画测试环境，如图1-8所示。其中【视图】菜单主要提供了用于设置带宽和显示数据传输情况的命令。

图1-7 【打开】对话框

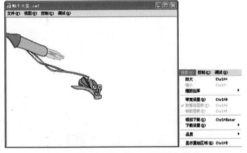

图1-8 动画测试环境及【视图】菜单

【视图】菜单中比较重要的几个命令说明如下。

- 【缩放比率】：按照百分比或完全显示的方式显示舞台中的内容。
- 【带宽设置】：显示带宽特性窗口，用以表现数据流的情况。
- 【数据流图表】：以条形图的形式模拟下载方式，显示每一帧的数据量大小。
- 【帧数图表】：以条形图的形式显示每一帧数据量的大小。
- 【模拟下载】：模拟在设定传输条件下，以数据流方式下载动画时的播放情况。其中播放进度标尺上的绿色进度块表示下载情况，当它始终领先于播放指针的前进速度时，说明动画在下载时播放不会出现停顿。
- 【下载设置】：设置模拟的下载条件，Flash CS5按照典型的网络环境

预先设定了几种常用的传输速率。用户也可以根据自己的实际需要设置网络测试环境，对网络传输速率进行自定义，如图1-9所示。

图1-9 下载速率设置

在模拟下载速度的时候，Flash CS5使用典型因特网的性能估计，而不是精确的调制解调器速度。例如，如果选择模拟56kbit/s的调制解调器速度，则Flash将实际的速率设置为4.7kbit/s来反映典型的因特网性能。这种做法有助于以各种准备支持的速度以及在准备支持的各种计算机上测试影片。

- 【品质】：选择显示动画画面的精度，如果采用【低】方式，则画面图像比较粗糙，但显示速度较快。如果采用【高】方式，画面图像会比较光滑精细，但速度会有所降低。
- 【显示重绘区域】：显示动画中间帧的绘图区域，如图1-10所示。

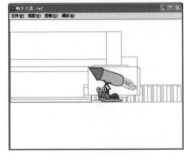

图1-10 显示重绘区域

1.2.3 作品的导出

利用Flash CS5的导出命令，可以将作品导出为影片或图像。例如，可以将整个影

片导出为Flash影片、一系列位图图像、单一的帧或图像文件以及不同格式的活动、静止图像等，包括GIF、JPEG、PNG、BMP、PICT、QuickTime或AVI等格式。

下面利用"蜗牛火箭.fla"文件举例说明如何导出动画作品。

1. 打开配套资源文件"蜗牛火箭.fla"。

2. 从菜单栏中选择【文件】/【导出】/【导出影片】命令，弹出【导出影片】对话框，如图1-11所示，要求用户选择导出文件的名称、类型及保存位置。

3. 首先选择一种保存类型，如"*.swf"，再输入一个文件名。单击 保存(S) 按钮，弹出一个导出进度条，很快作品就被导出为一个独立的Flash动画文件了。

4. 关闭Flash CS5软件。在【我的电脑】中找到刚才导出的文件，双击该文件，即可播放这个动画。这说明动画文件已经可以脱离Flash CS5编辑环境而独立运行了。

Flash CS5能够将作品导出为多种不同的格式，其中【导出图像】命令将导出一个只包含当前帧内容的单个或序列图像文件，如图1-11（a）所示；而【导出影片】命令将作品导出为完整的动画或图像序列，如图1-11（b）所示。

（a）　　　　　　　（b）

图1-11　将作品导出为多种不同的格式

1.2.4 作品的发布

【发布】命令可以创建SWF文件，并将其插入浏览器窗口中的HTML文档，也可以以其他文件格式（如GIF、JPEG、PNG和QuickTime格式）发布FLA文件。

选择【文件】/【发布设置】命令，弹出【发布设置】对话框，如图1-12所示；在其中选择发布文件的名称及类型。

图1-12　【发布设置】对话框

在【格式】选项卡的【类型】栏中，可以选择在发布时要导出的作品格式。被选中的作品格式会在对话框中出现相应的参数设置，可以根据需要选择其中的一种或几种格式。

文件发布的默认目录是当前文件所在的目录，也可以选择其他的目录。单击 按钮，即可选择不同的目录和名称，当然也可以直接在文本框中输入目录和名称。

设置完毕后，如果单击 确定 按钮，则保存设置，关闭【发布设置】对话框，但并不发布文件。只有单击 发布 按钮，Flash CS5才按照设定的文件类型发布作品。

Flash CS5能够发布8种格式的文件，当选择要发布的格式后，相应格式文件的参数就会以选项卡的形式出现在【发布设置】对话窗口，如图1-13所示。

图1-13　以选项卡的形式设置发布文件的参数

对于常用的Flash影片，其参数设置如图1-14所示。这些选项大都不需要修改，但是如果要将作品发布给普通用户使用，建议选择较低的播放器版本。

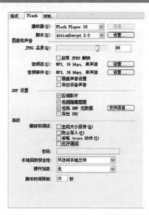

图1-14　Flash影片的发布设置

勾选【Windows放映文件（.exe）】和【Macintosh放映文件】选项不会出现新的选项卡。利用此选项可以生成能够直接在Windows中播放而不需要Flash播放器的动画作品。

1.3　范例解析

下面通过入门动画作品来说明Flash CS5基本的文件操作，以使大家对Flash CS5软件有一个感性的认识。

1.3.1　跳动的小球

下面来制作一个简单的Flash动画，动画的效果是一个小球从画面的左侧跳动到右侧，最后又回到原始位置。动画效果如图1-15所示。

图1-15　跳动的小球

【步骤提示】

1.　选择【文件】/【新建】菜单命令，弹出【新建文档】对话框。

2.　选择"ActionScript 3.0"，单击 确定 按钮，进入文档编辑界面，也就是前面介绍的Flash CS5操作界面。

在Flash CS5软件启动时，也会自动创建一个新的Flash文档，其默认的文件名为"未命名-1"。此后创建新文档时，系统将会自动顺序定义默认文件名为"未命名-2"、"未命名-3"等。

3.　在【工具】面板中选择 ⬭ 工具，并设置其绘制选项，如图1-16所示。从【颜色】面板中可以看出，这是一个放射状的红黑渐变色彩。

图1-16　选择椭圆形工具

4.　将鼠标指针移动到舞台上，此时指针变为"+"状态；按下鼠标左键，然后拖动鼠标，在舞台左侧位置绘制出一个圆形。

5.　从【工具】面板中选择 ⬭ 工具，然后在圆形左上位置单击鼠标，则圆形被填充以高光的模样，具有圆球的形态了，如图1-17所示。

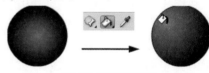

图1-17　绘制彩色圆形

6.　选择【工具】面板左上角的 ➤ 工具，在舞台上拖出一个选择框，将圆形全部选中（包括边框和中间的填充颜色），如图1-18所示。

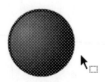

图1-18　将圆形全部选中

Flash将图形（包括圆形等）分割为边框和填充颜色，这样能够方便线条、色彩的编辑处理。如果只在图形中单击一下鼠标，一般只能选中圆形的填充颜色。

7. 在【动画预设】面板中，展开【默认预设】文件夹，选择其中的"波形"效果，如图1-19所示。这时，面板中的预览窗口能够显示这种预设动画的效果。

图1-19 【动画预设】面板

8. 单击 应用 按钮，会弹出一个对话框，如图1-20所示，说明要将图形转换为元件。

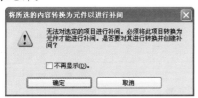

图1-20 提示信息

9. 单击 确定 按钮，则当前选中的动画效果被加载到舞台对象上，如图1-21所示。其中绿色的小点就是小球在每一帧的位置，它们连续起来就是一个波动的轨迹。

图1-21 动画效果被加载到舞台对象上

10. 选择【控制】/【测试影片】菜单命令，将会出现动画测试窗口，在其中可见小球会不停地从窗口左侧跳动到右侧，然后又跳回到左侧。

11. 保存文档为"跳动的小球.fla"。

1.3.2 发布动画作品

下面继续使用前面制作的"跳动的小球"来说明如何发布一个文档。

【步骤提示】

1. 从菜单栏中选择【文件】/【发布】命令，弹出【正在发布】的进度条。很快，完成文件发布。

2. 打开"跳动的小球.fla"所在的文件夹，可以看到发布的动画和网页文件。

3. 双击"跳动的小球.html"文件，就可以利用浏览器观看已发布的包含Flash动画的网页了，如图1-22所示。

图1-22 利用浏览器观看包含Flash动画的网页

1.4 课堂实训

下面我们根据前面所学内容，练习制作一个简单的动画，以便对Flash有一个初步的认识。

1.4.1 旋转的圆盘

利用系统提供的预设动画，设计一个旋转的圆盘，动画效果如图1-23所示。

图1-23 旋转的圆盘

图1-24所示说明了动画的操作要点。

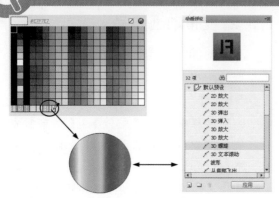

图1-24 操作思路分析

【步骤提示】

- 选择椭圆形工具，然后设置其填充颜色为水平排列的色带。
- 在舞台上绘制圆形。
- 对圆形运用预设动画效果"3D螺旋"。

1.4.2 发布动画为EXE文件

将上面设计的动画，发布成一个EXE格式的可执行文件，图1-25所示说明了操作要点。

图1-25 操作思路分析

 在Adobe公司的官方网站和联机帮助系统中，对于Flash作品大都使用"影片"这个名称。考虑到Flash作品的特点与我们传统意义上的"动画"具有同样的概念，因此，本书倾向于使用"Flash动画"这样的名称，在使用时对这两者不加区别。

1.5 课后作业

1. 打开"蜗牛火箭.fla"文件，将其另存为"蜗牛的理想.fla"文件。
2. 对"蜗牛火箭.fla"文件进行测试、发布，观察各种格式的区别。
3. 绘制一个多边形，用水平色带填充，效果如图1-26所示。

图1-26 多边形

4. 设计一个圆球，并应用预设动画"脉搏"效果，如图1-27所示。

图1-27 "脉搏"圆球

第2讲
绘画工具

　　Flash提供了丰富的工具绘制图形，工具的使用也很简便，便于初学者理解和应用。通过对绘制工具的学习，掌握绘制矢量图形的使用方法是设计者进行动画设计的基础，也是原创Flash必须要掌握的"武器"。Flash动画允许发布矢量图形作品，其优势就是对其缩放不产生失真变形，而且使文件的容量比较小。

【本讲课时】

　　本讲课时为4小时。

【教学目标】

- 掌握绘图基础知识。
- 掌握矢量图形和位图图像。
- 掌握【工具】面板基本绘图工具的使用技巧。

2.1 功能讲解

Flash CS5【工具】面板中包含有多个绘图及编辑工具。【工具】面板一般可以划分为工具选择区和选项设置区，大家在使用某个工具时需要注意【选项】区相应工具功能选项的变化，通过这个区的属性调整可以全面发挥工具效能。

2.1.1 【铅笔】工具

在绘画和设计中，线条作为重要的视觉元素一直发挥着举足轻重的作用。弧线、曲线和不规则线条能传达轻盈、生动的情感；直线、粗线和紧密排列的线条能传达刚毅、果敢的情感。只要在Flash CS5中有效利用【工具】面板中的工具，充分发挥线条优势，就可以创作出充满生命力的作品。

应用【铅笔】工具的关键是选择铅笔的模式，不同模式的选择直接影响创建线条的效果。根据作品的整体创作趋向选择对应的铅笔模式，才能创建出理想的作品。在【工具】面板中选择 ✐ 工具，将鼠标指针移至【工具】面板下方的【选项】区，单击 ┐ 按钮会弹出【铅笔】工具的3个属性设置选项，如图2-1所示。

图2-1 属性设置选项和铅笔工具属性设置

在使用【铅笔】工具时，预先选择任何一种属性，都会对最终的结果产生直接的影响。这3种铅笔工具的属性具体区别如下。

- 【伸直】选项：选择该属性后，可以使绘制的矢量线自行趋向于规整的形态，如直线、方形、圆形和三角形

等。在使用过程中，大家要有意识地将线条绘制成接近预想效果的形态，只有这样，【铅笔】工具才能使绘制的图形更加接近于预想的效果，如图2-2所示。

- 【平滑】选项：选择该属性后，所绘制的线条将趋向于更加流畅平滑的形态。在画卡通图形时，用户可以很好地利用这个选项。如图2-3所示，图中的作品就是直接利用铅笔工具绘制出来的。

图2-2 选择【伸直】选项　　图2-3 选择【平滑】选项

- 【墨水】选项：选择该属性后，用户可以绘出接近手写体效果的线条。如图2-4中所示的藏书签名就是利用这一属性创建的钢笔书法效果。

2.1.2 【线条】工具

【线条】工具的使用相对其他工具来说是比较简单的，但会用并不等同于用好，如果想利用【线条】工具制作出好的作品，就需要简要学习一下平面构成方面的知识，如图2-5所示。【线条】工具的使用方法就是在舞台中确认一个起点后按下鼠标左键，然后拖动鼠标指针到结束点松开鼠标就可以了。

图2-4 选择【墨水】选项　　图2-5 直线的排列组合效果

2.1.3 【椭圆】工具

【椭圆】工具分为对象绘制模式和图元绘制模式两种。对象绘制模式是非参数化绘制方式，该模式对应【椭圆】工具 ◯。

图元绘制模式是参数化绘制方式，该模式对应【基本椭圆】工具 ，用户可以随时使用【属性】面板中的参数项调整【椭圆】的【开始角度】、【结束角度】和【内径】，如图2-6所示。两个工具的基本属性一致。

图2-6 【基本椭圆】工具设置区

使用【椭圆】工具从一个角向对角拖动可以绘制光滑精确的椭圆。【椭圆】工具没有特殊的选项，但可以在【属性】面板中设置不同的线条和填充样式。

选择【椭圆】工具 和【基本椭圆】工具 ，在【工具】面板的【颜色】区会出现矢量边线和内部填充色的属性。

如果要绘制无外框线的椭圆，可以选择笔画色彩按钮 ，在【颜色选择器】面板中单击 按钮，取消外部矢量线色彩。

如果只想得到椭圆线框的效果，可以选择填充色彩按钮 ，在【颜色选择器】面板中单击 按钮，取消内部色彩填充。

设置好【椭圆】工具的色彩属性后，移动鼠标指针到舞台中，鼠标指针变为"+"形状，按住鼠标左键不放，拖动鼠标，就可以绘制出所需的椭圆。

2.1.4 【矩形】工具

【矩形】工具分为对象绘制模式和图元绘制模式两种。对象绘制模式是非参数化绘制方式，该模式对应【矩形】工具 。图元绘制模式是参数化绘制方式，该模式对应【基本矩形】工具 ，两种模式的基本属性一致，用户可以随时使用【属性】面板中的

【矩形边角半径】参数项。

使用【矩形】工具 和【基本矩形】工具 ，选择不同类型的边线（实线、虚线、点画线等）和填充色（单色、渐变色、半透明色），可以在舞台中绘制不同的矩形。按住<Shift>键可以绘出正方形。

使用【基本矩形】工具 ，在【属性】面板中【矩形边角半径】区可以设置矩形圆角，默认状态下调整一组参数，其余3组参数一起发生变化。如果取消中间的锁定按钮，就可以分别调整4组参数。

其中，在【矩形边角半径】选项中定义了矩形圆角的程度，可以在"－100～100"的范围内设置，数值越大，圆角就越明显，当参数值为"－100"时矩形趋向于4角星形，当参数值为"100"时可以使矩形趋向于圆形。

2.1.5 【多角星形】工具

利用【多角星形】工具 可以绘制任意多边形和星形图形，方便用户创建较为复杂的图形。为了更精确地绘制多边形，需要在【属性】面板中单击【选项】按钮，弹出【工具设置】面板，利用【工具设置】对话框设置相关参数，如图2-7所示。

图2-7 【工具设置】对话框

【工具设置】对话框各参数选项的作用如下。

- 【样式】：在该下拉列表中可以选择【多边形】或【星形】选项，确定将要创建的图形形状。

- 【边数】：在该文本框中可以输入一个介于3～32之间的数值，确定将要绘制的图形的边数。

- 【星形顶点大小】：在该文本框中可

以输入一个介于0～1之间的数值，以指定星形顶点的深度。此数字越接近0，创建的顶点就越深（如针）。如果是绘制多边形，应保持此设置不变（它不会影响多边形的形状）。

2.1.6 【刷子】工具

传统手工绘画中，画笔作为基本的创作工具，相当于美画师手掌的延伸。Flash提供的【刷子】工具 ✐ 和现实生活中的画笔有异曲同工的作用，相对而言，【刷子】工具 ✐ 更为灵活和随意。要创作优秀的绘画作品，首先要选择符合创作需求的色彩，并选择理想的画笔模式，再结合手控鼠标的能力，这样才能使创作变得得心应手。

【刷子】工具 ✐ 可以创建多种特殊的填充图形，同时要注意与【铅笔】工具 ✐ 的区别。【铅笔】工具 ✐ 无论绘制何种图形都是线条；【刷子】工具 ✐ 无论绘制何种图形都是填充图形。

【刷子】工具 ✐ 面板下方【选项】区，有【对象绘制】 ▢ 、【刷子模式】 ⊖ 、【刷子大小】 ● 、【刷子形状】 ● 和【锁定填充】 🔒 5个功能选项，如图2-8所示。

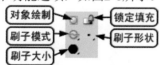

图2-8 【刷子】工具功能选项

单击【刷子模式】按钮 ⊖ ，在弹出菜单中将显示出5种刷子模式，如图2-9所示。

图2-9 【刷子模式】选择菜单

各选项的作用如下所示。

- 【标准绘画】模式 ⊝ ：在同一图层上绘图时，所绘制的图形会遮挡并覆盖舞台中原有的图形或线条。

- 【颜料填充】模式 ⊝ ：对填充区域和空白区域涂色，不影响线条。

- 【后面绘画】模式 ◎ ：在舞台上同一层的空白区域涂色，不影响线条和填充。

- 【颜料选择】模式 ⊙ ：可以将新的填充应用到选区中。

- 【内部绘画】模式 ⊙ ：仅对刷子起始所处的区域进行涂色。这种模式将舞台上的图形对象看做一个个分散的实体，如同一层层的彩纸一样（虽然各对象仍然处于一个图层中）；当刷子从哪个彩纸上开始，就只能在这个彩纸上涂色，而不会影响到其他彩纸。

2.1.7 【喷涂刷】工具

【喷涂刷】工具 🖌 类似于粒子喷射器，使用它可以一次将形状图案"刷"到舞台上。默认情况下，使用当前选定的填充颜色喷射粒子点，如图2-10所示。也可以使用【喷涂刷】工具将影片剪辑或图形元件作为图案应用。

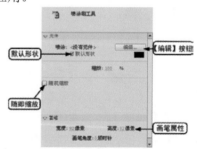

图2-10 【喷涂刷】工具功能选项

【喷涂刷】工具【属性】面板中各选项的作用如下所示。

- 【编辑】按钮：打开【选择元件】对话框，如图2-11所示，可以在其中选择影片剪辑或图形元件以用作喷涂刷粒子。选中库中的某个元件时，其名称将显示在编辑按钮的旁边。

- 【颜色选取器】：选择用于默认粒子喷涂的填充颜色。使用库中的元件作

为喷涂粒子时，将禁用颜色选取器。

- 【宽度】：缩放用作喷涂粒子的元件的宽度。例如，输入值10将使元件宽度缩小10%；输入值200将使元件宽度增大200%。
- 【高度】：缩放用作喷涂粒子的元件的高度。例如，输入值10将使元件高度缩小10%；输入值200将使元件高度增大200%。
- 【随机缩放】：指定按随机缩放比例将每个基于元件的喷涂粒子放置在舞台上，并改变每个粒子的大小。使用默认喷涂点时，会禁用此选项。

2.2 范例解析

用户在学习图形、图像处理软件时，首要的任务就是掌握绘图和编辑工具的使用。绘图和编辑工具是创建复杂作品的基础，只有打好这个基础才能随心所欲地应用Flash，下面将通过范例学习相关工具的使用方法。

2.2.1 咖啡杯

创建如图2-12所示的蓝色咖啡杯，实现这一效果，主要是利用【基本矩形】、【基本椭圆】工具和相关参数设置来完成图形的创建。

图2-11 【选择元件】对话框

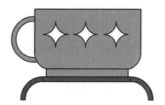

图2-12 咖啡杯

【步骤提示】

1. 新建一个Flash文档，选择【基本椭圆】工具 ，在【工具】面板【颜色】区修改边线和填充图形的颜色。
2. 移动鼠标指针到舞台中，当指针变为"+"形状时，按住<Shift>键，在舞台中拖曳出蓝色黑边圆形。
3. 在【属性】面板设置【内径】为"80"，图形改变为圆环，如图2-13所示。
4. 选择【基本矩形】工具 ，在圆环右侧绘制蓝色黑边矩形，如图2-14所示。

图2-13 绘制圆环

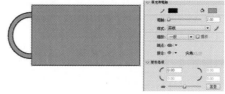

图2-14 绘制矩形

5. 在【属性】面板的【矩形选项】区，单击锁定按钮 ，取消参数设置关联。
6. 设置左下角和右下角的【矩形边角半径】参数为"50"，矩形下部两角变为倒角，如图2-15所示。

7.　选择【基本矩形】工具▣，在倒角矩形下方绘制蓝色黑边矩形，如图2-16所示。

8.　选择【基本矩形】工具▣，按住<Shift>键，在倒角矩形上面绘制白色黑边正方形，设置【矩形边角半径】为"–100"，调整为白色菱形，如图2-17所示。

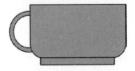

图2-15　设置【矩形边角半径】　　　　图2-16　绘制矩形　　　　图2-17　调整菱形

9.　按住<Alt>键，选择并拖曳白色菱形，向右侧复制出2个新图形，如图2-18所示。

10.　选择蓝色黑边圆环，按住<Alt>键，向下复制出1个新图形。

11.　设置【基本椭圆】工具【属性】面板中【开始角度】为"180"，【结束角度】为"270"，调整图形为半圆弧形，如图2-19所示。

12.　选择半圆弧形，按住<Alt>键，向右侧复制出1个新图形。

13.　选择【修改】/【变形】/【水平翻转】命令，翻转图形，如图2-20所示。

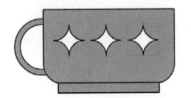
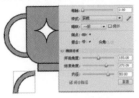
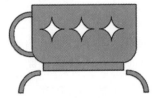

图2-18　拖曳复制图形　　　　图2-19　设置图形参数　　　　图2-20　翻转图形

14.　选择【基本矩形】工具▣，在倒角矩形下方绘制蓝色黑边矩形，连接2个半圆弧形，如图2-21所示。

15.　选择填充颜色按钮♦▇，在弹出的【颜色样本】面板中选择棕色，如图2-22所示。

2.2.2　金属螺丝

创建如图2-23所示的金属螺丝效果，螺丝由半圆、矩形和倒角矩形共同组合而成，应用渐变色彩产生立体效果。

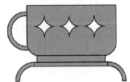
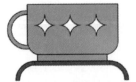

图2-21　绘制矩形　　　　图2-22　调整颜色　　　　图2-23　金属螺丝

实现这一效果，主要利用【椭圆】工具和【矩形】工具绘制基本形态，再利用【合并对象】命令修剪图形。

【步骤提示】

1.　新建一个Flash文档。

2.　选择【椭圆】工具◯，绘制黑边灰色的圆形。选择【矩形】工具□，绘制黑边灰色矩形，遮挡在圆形的下方，如图2-24所示。

3.　选择并删除矩形，得到半圆图形。选择图形，设置【填充色】♦▇为白色到黑色的放射状渐变，如图2-25所示。

图2-24 绘制遮挡矩形　　图2-25 改变填充色

4. 选择图形，选择【修改】/【合并对象】/【联合】命令，将半圆形的边线和填充色联合在一起，如图2-26所示。

图2-26 联合图形

5. 选择【矩形】工具▢，在【属性】面板中，确认【对象绘制】按钮◎为按下状态，绘制黑边灰色矩形，遮挡在半圆形的上方，如图2-27所示。

6. 同时选择两个图形，选择【修改】/【合并对象】/【打孔】命令，使下面的图形与上面图形重合的区域被裁剪掉，如图2-28所示。

图2-27 绘制遮挡矩形　　图2-28 裁切图形

7. 选择【矩形】工具▢，设置【笔触颜色】✐▉为黑色，设置【填充色】◇▉为白色到黑色的线性渐变，在半圆形的下方绘制矩形，如图2-29所示。

图2-29 绘制矩形

8. 选择【椭圆】工具◯，绘制黑边灰色椭圆形。

9. 选择【矩形】工具▢，绘制黑边灰色矩形，遮挡在椭圆形的中部，如图2-30所示。

10. 同时选择新绘制的两个图形，选择【修改】/【合并对象】/【交集】命令，两个图形的重叠部分保留下来（保留的是上面图形的部分），其余部分被裁剪掉，得到螺纹图形。

11. 选择螺纹图形，设置【填充色】◇▉为白色到黑色的线性渐变，如图2-31所示。

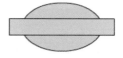

图2-30 绘制遮挡矩形　　图2-31 改变填充色

12. 移动螺纹图形到螺丝上面，按住<Alt>+<Shift>组合键在垂直方向上拖曳复制3个螺纹图形，如图2-32所示。

13. 选择所有图形，调整【笔触高度】为"3"，此时螺丝图形如图2-33所示。

图2-32 移动复制图形　　图2-33 调整【笔触高度】

2.2.3 漫天繁星

创建如图2-34所示的效果，将3个简单星形组合元件效果，喷涂为带状星河的图形效果。

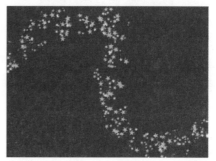

图2-34 漫天繁星

在选择【喷涂刷】工具喷涂图形时，只要设置【工具设置】对话框中的相关参数和选项，就可以制作不同形态的图形。再结合创建个性的图形元件，使喷涂产生丰富的变化。元件的创建将在后续章节中详细讲述，练习时按照步骤执行即可，操作方法如下。

【步骤提示】

1. 新建一个Flash文档，设置背景颜色为"深蓝色"。

2. 选择【插入】/【新建元件】命令，创建名称为"群星"的"影片剪辑"元件，如图2-35所示。

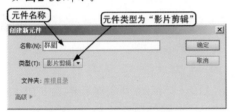

图2-35 创建"影片剪辑"元件

3. 选择【多角星形】工具 ○，在【属性】面板中设置【笔触颜色】 ✐ ■为无。

4. 在【属性】面板中单击 选项... 按钮，弹出【工具设置】对话框，在【样式】下拉列表中选择"星形"，单击 确定 按钮关闭【工具设置】对话框，在舞台中绘制如图2-36所示的3个星形效果。

图2-36 绘制五角星形

5. 单击左上角 ⇦ 的按钮，返回"场景1"。

6. 选择【喷涂刷】工具 ⬛，在【属性】面板中单击 编辑... 按钮，弹出【选择元件】对话框，选择"群星"元件，单击 确定 按钮关闭对话框，如图2-37所示。

图2-37 选择元件

7. 在【属性】面板中勾选【随机缩放】、【旋转元件】和【随机旋转】选项，使喷涂效果拥有更多变化，如图2-38所示。

图2-38 修改设置选项

8. 按住鼠标左键在舞台中喷涂星形效果。

在这个实例中，通过创建个性的元件形态，再结合【喷涂刷】工具的相关变化选项，使喷涂产生更加丰富的形态效果。

2.3 课堂实训

这一节通过两个例子的制作，讲述如何灵活运用绘图工具绘制各种图形，产生更加复杂的视觉效果。

2.3.1 闪闪的红星

创建如图2-39所示的效果，一个富有立体感的红色五角星，散发出金色的光芒。

图2-39 闪闪的红星

　　主要利用【多角星形】工具完成本例，在选择【多角星形】工具绘制图形时，只要设置【工具设置】对话框中的相关参数和选项，就可以制作不同形态的图形。再结合不同的排列组合形式，使图形产生丰富的变化。

【步骤提示】

1. 新建一个Flash文档，在【矩形】工具上按住鼠标左键，从弹出的菜单中选择【多角星形】工具，在【属性】面板中设置【笔触颜色】为黑色和【填充颜色】为红色。

图2-42 填充颜色

2. 在【属性】面板中单击 选项... 按钮，弹出【工具设置】对话框，设置【边数】选项为"5"，单击 确定 按钮关闭【工具设置】对话框。在舞台中绘制五角星形，如图2-40所示。

图2-40 绘制五角星

3. 选择【线条】工具，连接五角星对应的角点，如图2-41所示。

图2-41 连接五角星对应的角点

4. 按住<Ctrl>键，间隔选择五角星红色填充区域，修改【填充颜色】为深红色，如图2-42所示。

5. 选择【多角星形】工具，在【属性】面板中单击 选项... 按钮，弹出【工具设置】对话框，在【样式】下拉列表中选择"星形"，设置【边数】为"32"，单击 确定 按钮关闭【工具设置】对话框，在舞台中绘制无边黄色星形，如图2-43所示。

图2-43 绘制多角星

6. 分别选择五角星和32角星图形，按<Ctrl>+<G>组合键组合图形，排列图形效果如图2-44所示。

图2-44 排列图形效果

　　在这个实例中，通过精心构思和创意将简单图形变化组合成复杂图形，在实际应用时可以组成多种有趣的图形，常见的积木形态都可以通过这个实例的方法排列出来。

2.3.2 化学实验室

利用【基本矩形】工具、【基本椭圆】工具、【线条】工具绘制试管和分子球，创建如图2-45所示的效果。

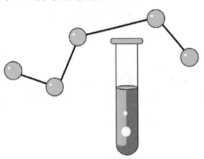

图2-45　化学实验室

使用【基本矩形】工具时，可以细化参数调整，产生更为丰富的图形效果。

【步骤提示】

1. 新建一个Flash文档。
2. 选择【基本矩形】工具□，绘制蓝色黑边矩形，作为试管基本图形。
3. 在【属性】面板的【矩形选项】区，设置【矩形边角半径】为"100"，如图2-46所示。

图2-46　设置倒角矩形的属性

4. 单击锁定按钮，取消参数设置关联。
5. 设置左上和右上角的【矩形边角半径】为"0"，矩形上部变成直角，如图2-47所示。

图2-47　断开参数关联

6. 选择【基本矩形】工具□，设置【矩形边角半径】为"100"，绘制倒角矩形作为试管的管口，如图2-48所示。
7. 选择【基本椭圆】工具，绘制浅蓝黑边椭圆，作为试管液体平面。选择所有图形，按<Ctrl>+<B>组合键打散图形。
8. 选择【线条】工具＼，绘制一条水平和垂直交叉线，作为液体的明暗交界线，如图2-49所示。
9. 选择【颜料桶】工具，选择深蓝色填充液体阴影区。选择并删除明暗交界线和液体平面上部的色块，如图2-50所示。

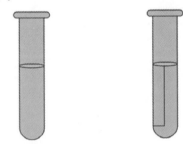

图2-48　绘制椭圆形　　　图2-49　绘制直线

10. 选择【基本椭圆】工具，按住<Shift>键，绘制3个白色无边圆形，作为液体的气泡，如图2-51所示。

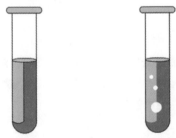

图2-50　调整线段　　　图2-51　绘制气泡

11. 选择⊙工具，绘制浅蓝黑边正圆形，作为分子球基本图形。再绘制白色无边正圆形，作为分子球高光图形，如图2-52所示。

12. 选择分子球图形，按<Alt>键拖曳复制4个图形，并放置在不同的位置，如图2-53所示。

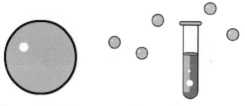

图2-52 绘制分子球   图2-53 排列图形

13. 选择【线条】工具＼，设置【笔触大小】为"6"，连接分子球。

2.4 综合案例——圣诞小屋

创建如图2-54所示的效果，浅蓝色的背景，一组形态可爱的卡通小房子，房子前还有一堆厚厚的积雪。

图2-54 圣诞小屋

利用Flash制作雪后风景效果，如果在此基础上继续丰富，比如添加雪花效果、音乐和祝福语就是一件很好的圣诞节贺卡作品。主要绘制几组色彩形态不同的房子效果，要求色彩鲜明、布局生动。

【步骤提示】

1. 选择【文件】/【新建】命令，创建一个新文档，设置背景颜色为蓝色。

2. 选择✐工具和＼工具，选择黑色实线绘制房子的外形，选择▶工具调整线条的弧度，如图2-55所示。

3. 选择◇工具，选择深蓝色填充房子的暗面，如图2-56所示。

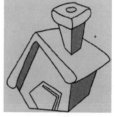

图2-55 绘制房子边线   图2-56 填充房子的暗面

4. 选择◇工具，选择浅蓝色和白色填充房子的亮面，如图2-57所示。

5. 选择◇工具，选择两种不同的黄色填充房门的两个面，如图2-58所示。

图2-57 填充房子的亮面   图2-58 填充房门的两个面

6. 选择▶工具，选择并删除图形的边缘线。选择"图层1"第1帧，单击鼠标右键选择【复制帧】命令。

7. 在【时间轴】面板中，单击🔒按钮锁定"图层1"层，如图2-59所示。

8. 在【时间轴】面板中，单击▣按钮，增加"图层2"层，如图2-60所示，选择第1帧单击鼠标右键选择【粘贴帧】命令。

图2-59 锁定"图层1"层   图2-60 创建新图层

9. 选择▶工具，调整新图形的形状，使其变得瘦长一些。选择◇工具，选择两种不同的红色填充墙面的颜色，如图2-61所示。

10. 选择"图层1"第1帧，单击鼠标右键选

择【复制帧】命令，并锁定"图层2"。

11. 在【时间轴】面板中，增加一个新层
"图层3"，单击鼠标右键选择【粘贴
帧】命令。

12. 选择 工具，适当调整新图形的形状。
选择 工具，选择两种不同的浅蓝色填
充墙面的颜色，如图2-62所示。

图2-61 调整房子的色彩

图2-62 调整房子的形态

13. 在【时间轴】面板中，增加一个新层
"图层4"，选择 工具，选择白色绘
制房前积雪图形，如图2-63所示。

图2-63 绘制房屋积雪效果

2.5 课后作业

1. 在同一层中绘制两个叠加在一起的图
形，然后移动处于上面的图形，会出现
如图2-64所示的效果。为什么图形会粘
在一起？

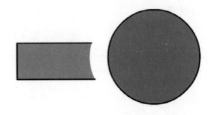
图2-64 移动处于上面的图形

2. 如何绘制如图2-65所示的五角星形？

图2-65 绘制五角星形

第**3**讲
编辑修改工具

在作品创作过程中，设计者不可能一次性将图形创建得很完美，一般都需要进一步编辑调整才能达到理想效果。经常用到编辑修改工具，比如【墨水瓶】、【颜料桶】等工具，可以实现对笔触、填充色等元素进行修改，也可以结合此类工具的使用技巧使制作过程更加简化。

【本讲课时】

本讲课时为4小时。

【教学目标】

- 掌握编辑修改图形的基本方法。
- 掌握Deco、滴管和套索工具。
- 掌握创建自由形态图形技巧。

3.1 功能讲解

下面从一些常用编辑修改工具开始进行讲解，让读者熟悉这些工具的基本设置方法，为以后在作品中灵活应用做好铺垫。

3.1.1 【墨水瓶】和【颜料桶】工具

要更改线条或者形状轮廓的笔触颜色、宽度和样式，可以使用【墨水瓶】工具。对直线或形状轮廓可以应用纯色、渐变或位图填充。

【颜料桶】工具可以用颜色填充封闭或半封闭区域。该工具既可以填充空的区域也可以更改已涂色区域的颜色。填充的类型包括纯色、渐变填充以及位图填充。

选择【颜料桶】工具，【工具】面板【选项】区包括【空隙大小】、【锁定填充】两个按钮选项。【空隙大小】按钮下面包含4种属性设置，如图3-1所示。

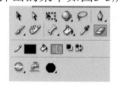

图3-1 【空隙大小】设置栏

3.1.2 【滴管】工具

【滴管】工具具有吸取画面中矢量线、矢量色块及位图等相关属性，并直接将其应用于其他矢量对象的功能，帮用户简化了许多重复的属性选择步骤，而可以直接利用已编辑好的效果。【滴管】工具主要能够提取4种对象属性。

- 提取线条属性：吸取源矢量线的笔触颜色、笔触高度和笔触样式等属性，并将其应用到目标矢量线上，使后者具有前者的线属性。
- 提取色彩属性：吸取填充颜色的相关属性，不论是单色还是复杂的渐变色，都可以被复制下来，转移给目标矢量色块。
- 提取位图属性：吸取外部引入的位图样式作为填充图案，使填充的图形像编织的花布一样，重复排列吸取的位图图案。
- 提取文字属性：吸取文字的字体、文本颜色以及字体大小等属性，但不能吸取文本内容。

3.1.3 【橡皮擦】工具

使用【橡皮擦】工具进行擦除可删除

笔触和填充。利用该工具可以快速擦除舞台上的任何内容。【橡皮擦】工具的形状可以设置为圆形或方形，同时还可以设置5种橡皮擦尺寸。

在【橡皮擦】工具下方【选项】区包含【橡皮擦模式】、【水龙头】、【橡皮擦形状】3个属性设置选项，如图3-2所示。

通过设置【橡皮擦】工具的擦除模式可以只擦除笔触、只擦除数个填充区域或单个填充区域。单击【橡皮擦模式】按钮，弹出的菜单如图3-3所示。

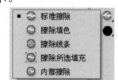

图3-2 【选项】区　　图3-3 【橡皮擦模式】菜单

- 【标准擦除】：擦除同一层上的笔触和填充。
- 【擦除填色】：只擦除填充，不影响笔触。
- 【擦除线条】：只擦除笔触，不影响填充。
- 【擦除所选填充】：只擦除当前选定

的填充，不影响笔触（不论笔触是否被选中）。

- 【内部擦除】：只擦除橡皮擦笔触开始处的填充。如果从空白点开始擦除，则不会擦除任何内容。

文字和位图是作品创作中经常用到的元素，如果要擦除这两种元素对象，必须先将其分离，然后再用【橡皮擦】工具 进行擦除。

3.1.4 【选择】工具

【选择】工具 在创作中较为常用，利用它可以进行选择、移动、复制、调整矢量线或矢量色块形状等操作。

【选择】工具的编辑修改功能，主要体现在对矢量线和矢量色块的调整上。一般是将原始的线条和色块变得更加平滑，使图形外形线更加饱满流畅。当然也可以调整线条的节点的位置。

单击【选择】工具查看【工具】面板下方【选项】区的变化，包括【贴紧至对象】、【平滑】和【伸直】3个功能按钮。按钮的作用如下。

- 【贴紧至对象】 ：用于完成吸附功能的选项，在以后利用链接引导层制作动画时，必须使其处于激活状态。拖动运动物体到运动路径的起始点和终结点，才能使运动物体主动吸附到路径上，从而顺利完成物体沿路径的运动。这是制作此类动画时特别要注意的一点。
- 【平滑】 ：使线条或填充图形的边缘更加平滑。
- 【伸直】 ：使线条或填充图形的边缘趋向于直线或折线效果。

3.1.5 【套索】工具

【套索】工具 用于选择画面中的图形，也包括被分离的位图。分离位图会将图像中的像素分到离散的区域中，可以分别选中这些区域并进行修改。当位图分离时，可以使用Flash绘画和涂色工具修改位图。

单击【套索】工具 ，其【选项】区共有【魔术棒】 、【魔术棒设置】 和【多边形模式】 3个功能按钮。通过使用【套索】工具 【选项】区中的【魔术棒】工具 ，可以选择已经分离的位图区域。

单击【魔术棒设置】 ，会弹出【魔术棒设置】对话框，其中的两个选项作用如下。

- 【阈值】：此选项可以在0～200范围内进行调节，值越大，容差范围就越大。
- 【平滑】：此选项是对阈值的进一步补充，其中包括【像素】、【粗略】、【一般】、【平滑】4个选项，读者可以在实践过程中对比其效果。

3.1.6 【Deco】工具

【Deco】工具 ，主要包括【藤蔓式填充】、【网格填充】和【对称刷子】等13种绘制效果。借助【Deco】工具 ，可以将创建的图形形状转换成复杂的几何图案，这种绘制图形的方式称为过程绘图，还可以将默认元件替换为库中的自定义元件，也可以修改默认图形的色彩，如果元件中包含动画，绘制的图形会产生动画效果。

【Deco】工具绘制效果如图3-4所示。

【藤蔓式填充】效果

【网格填充】效果

【对称刷子】效果

【3D刷子】效果

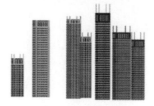
【建筑物刷子】效果

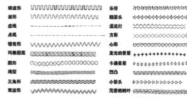
【装饰性刷子】效果

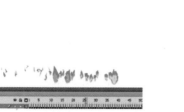
【火焰动画】效果

【火焰刷子】效果

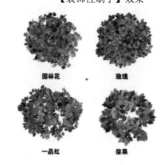
【花刷子】效果

【闪电刷子】效果

【粒子刷子】效果

【烟刷子】效果

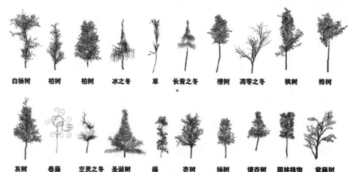
【树刷子】效果

图3-4 【Deco】工具绘制效果

3.1.7 创建自由形态图形

通过前面的介绍，我们已经掌握了图形创建工具的用法，但要创建一些比较随意的图形，这些知识还远远不够。为了能够创建更加灵活多样的自由形态，Flash CS5为用户提供了强大的创建和编辑工具。其中【任意变形】工具是用于把规则的图形调整为自由的形态；【钢笔】工具可以独立创建矢量线和矢量图形，也可以编辑修改已经创建的矢量对象；【部分选取】工具可以对已经绘制出来的矢量线或矢量图形进行再次编辑。用好这些工具对创建自由形态的不规则图形大有帮助。

使用【任意变形】工具或【修改】/【变形】菜单命令中的选项，可以将图形对象、组、文本块和实例进行变形。根据所选的元素类型，可以任意变形、旋转、倾斜、缩放或扭曲该元素。在变形操作期间，可以更改或添加选择内容。

要绘制精确的路径，如直线或者平滑流畅的曲线，可以使用【钢笔】工具。先创建直线或曲线段，然后调整直线段的角度和长度以及曲线段的斜率。

【钢笔】工具包含4个用于添加、删除点、调整的工具：【钢笔】工具、【添加锚点】工具、【删除锚点】工具和【转换锚点】工具。

钢笔工具显示的不同指针反映其当前绘制状态，以下为指针指示的各种绘制状态。

- 初始锚点指针：选中【钢笔】工具后看到的第一个指针。指示下一次在舞台上单击鼠标时将创建初始锚点，是新路径的开始。
- 连续锚点指针：指示下一次单击鼠标时将创建一个锚点，并用一条直线与前一个锚点相连接。
- 添加锚点指针：指示下一次单击鼠标时将向现有路径添加一个锚点。若要添加锚点，必须选择路径，并且钢笔工具不能位于现有锚点的上方。根据其他锚点，重绘现有路径。一次只能添加一个锚点。
- 删除锚点指针：指示下一次在现有路径上单击鼠标时将删除一个锚点。若要删除锚点，必须用【选取】工具选择路径，并且指针必须位于现有锚点的上方。根据删除的锚点，重绘现有路径。一次只能删除一个锚点。
- 连续路径指针：从现有锚点扩展新路径。若要激活此指针，鼠标指针必须位于路径上现有锚点的上方。仅在当前未绘制路径时，此指针才可用。锚点未必是路径的终端锚点；任何锚点都可以是连续路径的位置。
- 闭合路径指针：在正在绘制的路径的起始点处闭合路径。用户只能闭合当前正在绘制的路径，并且现有锚点必须是同一个路径的起始锚点。生成的路径没有将任何指定的填充颜色设置应用于封闭形状；单独应用填充颜色。
- 连接路径指针：除了鼠标指针不能位于同一个路径的初始锚点上方外，与闭合路径指针基本相同。该指针必须位于唯一路径的任一端点上方。可能选中路径段，也可能不选中路径段。
- 回缩贝塞尔手柄指针：当鼠标位于显示其贝塞尔手柄的锚点上方时显示。单击鼠标将回缩贝塞尔手柄，并使得穿过锚点的弯曲路径恢复为直线段。
- 转换锚点指针：将不带方向线的转角点转换为带有独立方向线的转角点。

3.2 范例解析

矢量图形的编辑和调整，主要是围绕矢量线和矢量色块来进行的，比如改变线条的样式，改变填充色块的色彩及填充类型等。下面将结合具体范例体会调整工具的应用技巧。

3.2.1 绿树葱葱

绘制并调整树木，包括绿色的树冠、褐色的树干和树枝，如图3-5所示。实现这一效果，主要利用选择工具和相关选项进行处理。

图3-5 绿树葱葱

【操作提示】

1. 新建一个Flash文档，选择【直线】工具，绘制一个三角形作为树干图形，如图3-6左侧图形所示。
2. 选择【选择】工具，将鼠标光标移到要调整的线条上，拖曳图形边线直至得到合适弧度为止，如图3-6右侧图形所示。
3. 选择【直线】工具，绘制3个三角形作为树枝图形，如图3-7所示。
4. 选择【选择】工具，拖曳树枝图形边线弧度，如图3-8所示。
5. 选择并删除树干和树枝图形连接的线段，如图3-9所示。

图3-6 绘制树干基本图形　　图3-7 绘制树枝干基本图形　　图3-8 调整树枝曲线　　图3-9 删除线段

6. 选择【直线】工具，绘制4个菱形作为树冠图形，如图3-10所示。
7. 选择【选择】工具，拖曳树冠图形边线弧度和节点位置，如图3-11所示。
8. 选择图形，单击【选项】区中【平滑】按钮几次后，减少矢量色块边缘的棱角，使之更加平滑，如图3-12所示。
9. 选择【颜料桶】工具，填充树干和树枝图形为棕色，填充树冠为绿色，如图3-13所示。

图3-10 绘制树冠基本图形　　图3-11 调整树冠曲线　　图3-12 平滑线条　　图3-13 填充颜色

3.2.2 律动五线谱

绘制并调整波浪状5条曲线，在线上增加乐符曲线，如图3-14所示的效果。实现这一效果，主要利用【任意变形】工具变形图形，再利用【Deco】工具添加乐符。

图3-14 律动五线谱

【操作提示】

1. 新建一个Flash文档，选择【直线】工具，绘制5条水平直线。

2. 选择5条直线，在【属性】面板设置【笔触】为"4"，如图3-15所示。

图3-15 绘制5条水平直线

3. 选择【任意变形】工具，单击【选项】区【封套】按钮，在封套外框出现8个方形手柄，如图3-16所示。

图3-16 封套外框

4. 选择圆形调整手柄，拖曳调节杆的位置和方向，如图3-17所示。

图3-17 拖曳调节杆

5. 单击【选项】区的【扭曲】按钮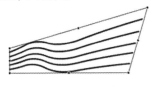，调整外框右上角的手柄位置，直至出现如图3-18所示效果。

图3-18 扭曲图形

6. 单击【选项】区的【旋转与倾斜】按钮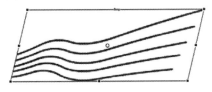，向右侧倾斜一定角度，如图3-19所示。

图3-19 倾斜线条

7. 选择【Deco】工具，选择【绘制效果】下拉菜单中的【装饰性刷子】选项，如图3-20所示。

8. 选择【高级选项】下拉菜单中的第11个选项【乐符】，如图3-21所示。

图3-20 【绘制效果】菜单   图3-21 【高级选项】菜单

9. 分别调整【图案大小】和【图案宽度】选项为"100"像素，延五线谱曲线方向绘制乐符线条，如图3-22所示。

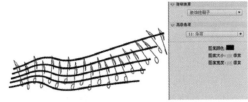

图3-22 绘制乐符线条

3.2.3 多变的图形

创建如图3-23所示的效果，利用简单的图形实现不同的图形排列形式。

实现这一效果，主要利用【Deco】工具丰富的图形排列功能，只要绘制一组简单的图形就可以调整出复杂而精美的图案效果。

图3-23 多变的图形

【操作提示】

1. 新建一个Flash文档。

2. 选择【文件】/【导入】/【导入到库】命令，导入配套资源文件"云纹.swf"，素材以图形元件形式被引入到库中。

3. 选择【Deco】工具 ✏，在【属性】面板【绘制效果】选项区，选择下拉菜单中的【对称刷子】选项。

4. 在【属性】面板【模块】选项区右侧单击 编辑... 按钮，弹出【选择元件】对话框，选择"云纹.swf"元件，单击 确定 按钮退出，如图3-24所示。

图3-24 【选择元件】对话框

5. 在【属性】面板【高级选项】选项区的下拉菜单中选择【跨线反射】选项，并取消勾选【测试冲突】选项，如图3-25所示。

图3-25 【测试冲突】选项

6. 在舞台上按住鼠标左键并拖曳，当出现适合的图形形态时释放鼠标，如图3-26所示。

图3-26 图形排列形态

7. 拖曳旋转手柄，调整2个图形的对称角度，如图3-27所示。

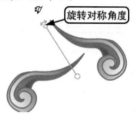

图3-27 旋转对称角度

8. 在【绘制效果】选项区的下拉菜单中选择【跨点反射】选项，如图3-28所示。

图3-28 【跨点反射】选项

9. 在【绘制效果】选项区的下拉菜单中选择【旋转】选项。

10. 双击 ✐ 工具，擦除舞台上的图形。选择【Deco】工具 ✏，拖曳鼠标出现如图3-29所示的图形。

11. 拖曳图形角度手柄，使图形之间夹角变小，如图3-30所示。

12. 在【绘制效果】选项区下拉菜单中选择【网格平移】选项，并勾选【测试冲突】选项。

13. 双击 🧽 工具，擦除舞台上的图形。选择 ✏ 工具，拖曳鼠标出现如图3-31所示的图形，调整图形角度、夹角、长度和宽度选项。

图3-29 【绕点旋转】选项

图3-30 调整图形角度手柄

图3-31 调整网格图形排列效果

3.3 课堂实训

这一节通过两个例子的制作，讲述图形的调整变化方法，简单图形经过精心调整也可以创作出精致的图形。

3.3.1 积雨云

创建如图3-32所示的效果，绘制并调整乌云和雨滴图形。

在调整图形时，应注意积云外形圆润形态的把握，以及水滴图形边线的流畅度。

【步骤提示】

1. 新建一个Flash文档。
2. 选择【椭圆】工具 ◯，绘制多个深灰色无边椭圆，组成乌云基本图形，如图3-33所示。
3. 选择【线条】工具 ＼，绘制2条连接的直线，作为云尾图形。选择【颜料桶】工具 ◢，填充深灰色色彩，如图3-34所示。

图3-32 积雨云

图3-33 绘制乌云基本图形

图3-34 云尾图形

4. 选择 ▸ 工具，调整云尾图形弧度。选择【墨水瓶】工具 ◢，设置【笔触大小】为"1"，为图形填充黑色边线，如图3-35所示。
5. 选择【钢笔】工具 ◢，绘制乌云图形的明暗交界线曲线，如图3-36所示。
6. 选择【颜料桶】工具 ◢，选择浅灰色填充乌云图形亮部色块，选择并删除明暗交界线曲线，如图3-37所示。

图3-35 调整线段弧度

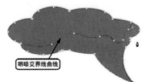
图3-36 绘制曲线

图3-37 填充颜色

7. 选择【钢笔】工具，绘制水滴闭合曲线。选择【部分选取】工具，调整曲线控制点，使弧度更加平滑，如图3-38所示。

8. 选择【颜料桶】工具，为水滴图形填充蓝色色彩。选择水滴图形，按住<Alt>键拖曳图形复制2个图形，如图3-39所示。

图3-38 绘制闭合曲线

图3-39 拖曳复制图形

3.3.2 艺术标识字

创建如图3-40所示的效果，通过调整字体形态，使字型更符合设计要求。

图3-40 艺术标识字

标识字设计是企业形象设计的一个重要组成部分，Flash中将普通文本转换为图形后就可以对其进行进一步的调整，根据创意的需要对文字进行艺术化处理。这个例子就是采用这个思路。

【步骤提示】

1. 新建一个Flash文档，选择【文本】工具T，在舞台中输入"庆华门诊"4个蓝色字符，设置字体为"方正综艺简体"（也可根据用户现有字体库自行设置字体样式），如图3-41所示。

图3-41 输入文字

2. 选择文字，连续执行两次【修改】/【分离】命令，把文字彻底分离。

3. 选择【橡皮擦】工具，擦除"门诊"2字的"丶"部首图形，如图3-42所示。

图3-42 擦除标点

4. 选择【部分选取】工具，选择"诊"字"讠"部首左侧的控制点，向左移动字符的控制点，如图3-43所示。

图3-43 连接两个文字

5. 选择【椭圆】工具，在"门诊"2字上方绘制2个无边蓝色正圆形，替换原有的"丶"部首图形，如图3-44所示。

图3-44 绘制图形

6. 选择工具，选择"庆"字"大"部首右侧笔画的控制点，向右移动字符的控制点，如图3-45所示。

图3-45 连接两个文字

7. 选择全部图形，选择【任意变形】工具，调整控制点，效果如图3-46所示。

图3-46 调整图形弧度

在这个实例中，只要将文字分离后就可以通过绘制新的图形，使两个文字连贯成一个图形。在文字变形的过程中尽量保留文字的主体部分，否则不便于识别，而变形部分则可以根据创意需要来绘制更加复杂的图形来替代偏旁部首，比如祥云、浪花等图形都可以丰富文字的内涵。

图3-48 绘制椭圆形

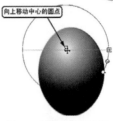
图3-49 移动中心点位置

3.4 综合案例——破碎的蛋壳

创建如图3-47所示的效果，通过精心调整一个简单椭圆形使其呈现破碎的蛋壳效果。

图3-47 破碎的蛋壳

绘制过程中要注意辐射状渐变的调整，按照蛋壳的光影效果均匀分布高光和阴影。蛋壳上还要注意通过较粗的线条表现蛋壳厚度，这样图形才能比较真实自然。

【步骤提示】

1. 新建一个Flash文档。
2. 选择【椭圆】工具◯，设置填充色🖌️▇为由白到黑的放射状渐变色，设置笔触颜色✏️▇为由白到黑的线性渐变色，设置【笔触高度】为"2"，在舞台中绘制一个椭圆形，如图3-48所示。
3. 选择填充色，选择【渐变变形】工具📐，向左上角移动中心点手柄位置，如图3-49所示。

4. 向左拖曳移动宽度手柄⬚的位置，压缩渐变色横向比例，使渐变色的渐变形状和椭圆形基本一致，如图3-50所示。
5. 向右下角拖曳移动大小手柄⬚的位置，放大渐变色区域，使图形内部的渐变色变浅，如图3-51所示。

图3-50 压缩渐变色比例

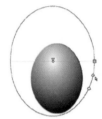
图3-51 放大渐变色区域

6. 选择【线条】工具＼，设置笔触颜色为黑色，在椭圆形上绘制裂纹线条，如图3-52所示。
7. 选择裂纹线条中间的填充色，修改填充色为黑色。选择【选择】工具▸，向图形内部调整裂纹外边线，如图3-53所示。

图3-52 绘制裂纹线条

图3-53 调整裂纹外边线

8. 选择裂纹下边线，修改笔触颜色为白色，设置【笔触高度】为"4"，如图3-54所示。
9. 选择椭圆形的边缘线，选择【渐变变形】工具📐，顺时针拖曳线性渐变旋转

手柄 ，调整图形边线的渐变角度，如图3-55所示。

10. 选择【椭圆】工具 ，设置填充色为无色，在舞台中绘制一个无边线椭圆形作为蛋壳的投影，如图3-56所示。

图3-54　调整裂纹下边线

旋转渐变色的角度

图3-55　旋转渐变色

绘制椭圆形

图3-56　绘制蛋壳的投影

3.5　课后作业

1. 如何利用选择工具移动复制1个圆环为如图3-57所示的重复排列图形？
2. 如何用编辑工具设计如图3-58所示的变形文字效果？

图3-57　重复排列图形

图3-58　变形文字效果

3. 如何利用【Deco】工具 【对称刷子】选项，创建出如图3-59所示的旋转排列图形效果？

4. 如何利用【Deco】工具 【装饰性刷子】选项，创建出如图3-60所示的打绳结效果？

图3-59　旋转排列图形

图3-60　打绳结

第4讲
文本、辅助工具和色彩

　　文字是信息传递的主要途径，灵活掌握其编辑和使用方法是十分重要的。辅助工具和面板工具包括【手形】工具、【缩放】工具以及【对齐】和【变形】面板等。辅助工具在调整图形显示和大小比例、对齐方式等方面起到重要作用。色彩是作品表现力的重要因素，掌握色彩应用方法除了熟悉色彩搭配的原理外，还要充分理解各类颜色面板的使用方法。

【本讲课时】

　　本讲课时为4小时。

【教学目标】

- 掌握文本的输入与编辑技巧。
- 掌握辅助工具和辅助面板的使用方法。
- 掌握色彩的选择与编辑技巧。

4.1 功能讲解

文本和色彩作为作品重要的元素，其各种设置和调整方法都应该熟练掌握，下面从相关工具的面板设置和调整角度来详细介绍文本、色彩和辅助工具的基本应用方法。

4.1.1 文本输入与编辑

Flash CS5包括两种文本引擎，一种是TLF文本，一种是传统文本。与传统文本相比，TLF文本支持更多丰富的文本布局功能和对文本属性的精细控制。文本【属性】面板如图4-1所示。

与传统文本相比，TLF文本增强了下列功能。

- 更多字符样式，包括行距、连字、加亮颜色、下划线、删除线、大小写、数字格式等。
- 更多段落样式，包括通过栏间距支持多列、末行对齐选项、边距、缩进、段落间距和容器填充值。
- 控制更多亚洲字体属性，包括直排内横排、标点挤压、避头尾法则类型和行距模型。
- TLF文本可以直接应用3D旋转、色彩效果以及混合模式等属性，而无需将TLF文本转换为图形元件。
- TLF文本可按顺序排列在多个文本容器内。这些容器称为链接文本容器。
- 能够针对阿拉伯语和希伯来语文字创建从右到左的文本。
- 支持双向文本，其中从右到左的文本可包含从左到右文本的元素。当遇到在阿拉伯语或希伯来语文本中嵌入英语单词或阿拉伯数字等情况时，此功能必不可少。

在文本【属性】面板中主要包括【字符】、【高级字符】、【段落】、【高级段落】、【容器和流】卷展栏。要设置字符样式，可使用文本【属性】面板中的【字符】和【高级字符】卷展栏选项。要设置段落样式，则使用【段落】和【高级段落】卷展栏选项。要设置TLF文本跨多个容器的文本排版，则使用【容器和流】卷展栏选项，但不适用于传统文本引擎模式。

4.1.2 辅助工具

辅助工具是可以方便地观察、编辑作品，有利于提高创作效率的工具，包括【手形】工具和【缩放】工具。在对创建对象编辑过程中，辅助工具也是经常使用的工具，所以在此也将辅助工具进行比较详细的讲解。

要在屏幕上查看整个舞台，或要以高缩放比率的情况下查看绘图的特定区域，可以更改缩放比率。最大的缩放比率取决于显示器的分辨率和文档大小。

【缩放】工具可以通过更改缩放比率或在Flash工作环境中移动舞台来更改舞台中的视图显示。此外，还可以使用【视图】/【缩放比例】命令调整舞台的视图。

单击放大按钮可以放大舞台中的对象，单击缩小按钮可以缩小舞台中的对象。要放大绘画的特定区域，请使用【缩放】工具拖出一个矩形选取框。

双击【缩放】工具可以使舞台中的画面恢复到100%的显示比例。

4.1.3 辅助编辑面板

在Flash CS5中创建和编辑图形时，辅助编辑面板功能使用效率比较高，在优化作品的制作效果时发挥了较大的作用，如【对齐】和【变形】面板等。

【对齐】面板为用户提供了多种排列图形对象的选项，通过这些选项，能够方便、快捷地设置对象之间的相对位置，比如对齐、平分间距及调整图形长、宽比例等操作。

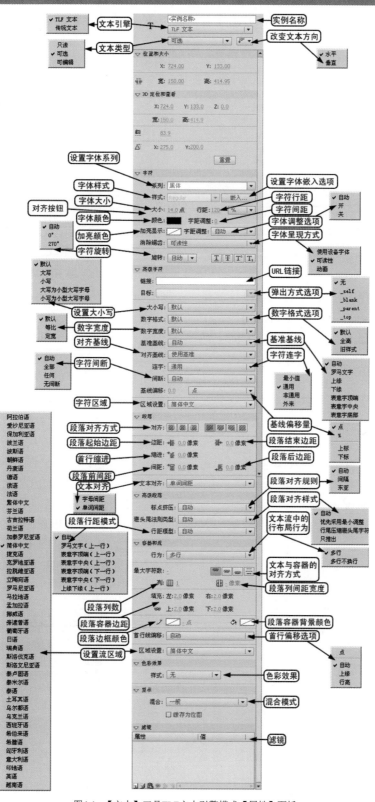

图4-1 【文本】工具TLF文本引擎模式【属性】面板

选择【窗口】/【对齐】命令，调出【对齐】面板，如图4-2所示。

图4-2 【对齐】面板

在【对齐】栏中包含6个按钮，分别实现对象的垂直左对齐、垂直中心对齐、垂直右对齐、水平上对齐、水平居中对齐、水平下对齐。

在【分布】栏中包含6个按钮，分别实现多个对象在垂直方向上的上端间距相等、中心间距相等、下端间距相等，水平方向上的左端间距相等、中心间距相等、右端间距相等。

【匹配大小】栏是对选取对象进行等尺寸调整，包含3个按钮，其作用介绍如下。

- 	在水平方向上等尺寸变形，以所选对象中最长的或画面尺寸为基准。

- 	在垂直方向上等尺寸变形，以所选对象中最长的或画面尺寸为基准。

- 	在水平和垂直方向上同时进行等尺寸变形，以所选对象中最长的或画面尺寸为基准。

【间隔】栏中包含两个按钮，其作用介绍如下。

- 	选取对象在纵向上间距相等。

- 	选取对象在横向上间距相等。

【与舞台对齐】选项，其作用是以整个舞台范围为标准，在等距离调整时，先将对象的外边线吸附到画面的对应边缘后，再等分对象之间距离。在尺寸匹配时，以对应边长为基准拉伸对象。不选择此项时，则以选取对象所在区域为标准。

使用【变形】面板可以根据所选元素的类型，进行任意变形、旋转、倾斜、缩放或扭曲操作。【变形】面板如图4-3所示。

图4-3 【变形】面板

4.1.4 色彩的选择与编辑

Flash CS5使用RGB或HSB颜色模型应用、创建和修改颜色。RGB颜色模式常被人们称为三原色模式，包括红（Red）、绿（Green）、蓝（Blue）3个要素。HSB颜色模式便是基于人对颜色的心理感受的一种颜色模式，包括色泽（Hue）、饱和度（Saturation）和亮度（Brightness）3个要素。

可以使用默认调色板或者自己创建的调色板，也可以将设置好的笔触或填充的颜色应用到要创建的或舞台中已有的对象上。将笔触颜色应用到形状时将会用这种颜色对形状的轮廓涂色。将填充颜色应用到形状时将会用这种颜色对形状的内部涂色。

在【颜色选择器】面板菜单中包含常用的色彩编辑和管理命令，结合这些命令，可以方便对颜色进行编辑操作。下面将较为详细地介绍此面板的功能，如图4-4所示。

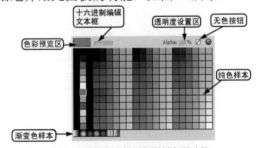

图4-4 【颜色选择器】面板主要功能

【颜色选择器】面板主要包括如下内容。

- 	色彩预览区：位于面板的左上角，用于预览选取的色彩。

- 色彩样本区：位于面板下方，包括216种纯色。其中最左侧是由6种从黑到白的梯度渐变色和红、绿、蓝、黄、青、紫6种纯色组成。
- 十六进制编辑文本框：在定制色彩选择面板的左上角还有一个输入区，可以用来显示或直接在其中输入十六进制色彩数值来获取色彩。
- 透明度设置区：在面板的右上角，用于设置色彩的透明程度。
- 颜色选择器按钮 ⊙：是用于调出自选纯色编辑面板，以选择更加个性的色彩。

【样本】面板的基本功能和【颜色选择器】面板功能基本一致，如图4-5所示。【样本】面板还可以通过面板菜单提供的一系列命令进行有效管理，单击【样本】面板右上角的 ▼〓 按钮，弹出一个下拉式菜单，如图4-6所示。

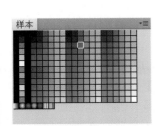

图4-5 【样本】面板　　图4-6 【样本】面板菜单

【样本】面板菜单中主要菜单命令的作用如下。

- 【直接复制样本】：用于将该面板中的色彩复制出一个新的色彩。
- 【删除样本】：删除该面板中的某一种色彩。
- 【添加颜色】：将在系统中保存的色彩文件增加到【样本】面板中，所调用的文件格式包括 "*.clr"、"*.act" 和 "*.gif"。
- 【替换颜色】：将在系统中保存的色彩文件增加到【样本】面板中，并替

换掉原有色彩，所调用的文件格式包括 "*.clr"、"*.act" 和 "*.gif"。

- 【加载默认颜色】：恢复到【样本】面板的初始状态。
- 【保存颜色】：将当前编辑修改的色彩以 "*.clr"、"*.act" 等格式保存到系统中，方便以后再次调用。
- 【保存为默认值】：用当前编辑修改的色彩替换掉系统默认的色彩，在进行这项操作时要注意。
- 【清除颜色】：清除当前面板中的所有色标。
- 【Web 216色】：调用符合互联网标准的色彩。
- 【按颜色排序】：将左侧色彩选择栏中的色标按色相来排列。

在【颜色】面板中可以选择、编辑纯色与渐变色。用户可以设置渐变色的类型，也可以在RGB、HSB模式下选择颜色，或者展开该面板，使用十六进制模式选择色彩，还可以指定Alpha值来定义颜色的透明度。

选择【窗口】/【颜色】命令，打开【颜色】面板，如图4-7所示。

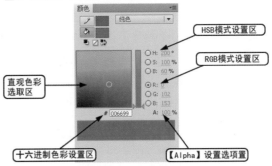

图4-7 【颜色】面板

- 单击 ✐ 按钮，可以选择、编辑矢量线的色彩。
- 单击 ⬦ 按钮，可以选择、编辑矢量色块的色彩。

在【填充颜色】按钮下面分别对应的3个按钮的功能如下。

- 【黑白】按钮 ▣：是默认色彩按钮，

可以快速地切换到黑白两色状态。

- 【没有颜色】按钮☑：用于取消矢量线的填充或是取消对矢量色块的填充。
- 【交换颜色】按钮⬄：用于快速地切换矢量线和矢量色块之间的色彩。

【颜色】面板中色彩选择、设置包括5部分。

- HSB模式设置区：可以通过HSB3种颜色心理感受数值来获取标准色。
- RGB模式设置区：可以通过RGB三色数值（0～255）来获取标准色。
- 【Alpha】设置选项：其取值范围是1～100，取值越小越透明。每个数值输入区的右侧都有一个滑动调整杆，可用来快速地调整出所需的色彩。
- 直观色彩选取区：用于选择随意性较强的色彩，其操作方法是将鼠标指针移至要选取的色彩选择区上，然后单击鼠标选取色彩即可。
- 十六进制色彩设置区：可以直接输入十六进制颜色数值选择色彩。

渐变色编辑主要包括【线性】渐变和【放射状】渐变两种方式。当要增加渐变色彩的数量时，在【颜色】面板中的渐变色条下面的合适位置单击鼠标，对色标🔺的色彩进行调整。色标🔺就代表渐变过程中的一个色阶，用户可以根据需要不断增加色标，也可以将色标拖曳到色条外删除某一色阶。

4.2 范例解析

下面将通过范例分别讲述文本和辅助面板的调整方法。

4.2.1 再别康桥

设置一首诗词图文混合排版的效果，如图4-8所示。主要利用TLF文本引擎丰富的设置选项，细化调整文字样式。利用容器流创

建丰富的版式效果。

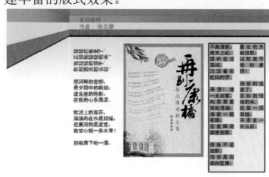

图4-8 诗词排版

【步骤提示】

1. 新建一个Flash文档，将配套资源文件"诗词背景.jpg"导入到舞台。
2. 在【时间轴】面板中单击【新建图层】按钮🗔，增加"图层2"层。
3. 打开配套资源文件"再别康桥.txt"，复制诗词文字信息。
4. 选择【文本】工具T，设置【文本引擎】选项"TLF文本"。
5. 在舞台中拖曳文本框，粘贴文字信息。此时文本内容超出容器范围，如图4-9所示。

图4-9 粘贴文本

6. 在文本容器（蓝色线框）右下角田图标上单击鼠标，指针变为📖符号，在右侧拖曳出新文本容器，如图4-10所示。
7. 调整新文本容器边缘控制柄，当容器右下角出现▢图标时，表示已经显示全部文本，如图4-11所示。

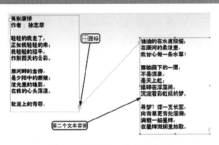

图4-10 创建第二个文本容器

图4-11 调整文本容器大小

8. 在左侧文本容器坐上方的□图标上单击鼠标，在上方拖曳出新文本容器。调整容器大小和位置，诗词标题文本容器效果如图4-12所示。

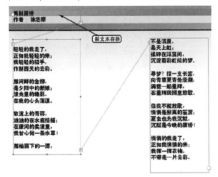

图4-12 创建新文本容器

9. 双击诗词标题文本容器进入编辑状态，选择诗词标题，利用【字符】卷展栏选项调整文本颜色和大小，如图4-13所示。通过这种方式可以独立编辑单个容器的文本属性。

10. 选择右侧文本容器，在【容器和流】卷展栏，调整列▥选项为"2"，文本被分成2栏。

11. 设置✐▬容器边框颜色为深灰色，【边框宽度】选项为"3"。设置◇▭容器

背景颜色为浅黄色，如图4-14所示。

图4-13 调整标题

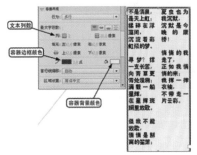

图4-14 细化调整参数

12. 双击右侧文本容器，选择文字，在【字符】卷展栏，设置【加亮显示】选项颜色为棕黄色，如图4-15所示。

图4-15 加亮显示文本

13. 双击左侧文本容器，选择第一段文字，在【字符】卷展栏，设置【字符旋转】旋转：自动▼选项为"270"度，如图4-16所示。

图4-16 旋转字符

14. 在【时间轴】面板中单击【新建图层】按钮▣，增加"图层3"层。

15. 将配套资源文件"书籍.jpg"导入到舞

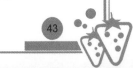

台，排版效果如图4-17所示。

图4-17 导入位图

4.2.2 排列矩形

利用【对齐】面板中的不同按钮对齐3个矩形，创建如图4-18所示的效果。实现这一效果主要熟悉【对齐】面板按钮的功用，体会不同对齐方式。

【步骤提示】

1. 新建一个Flash文档，选择【矩形】工具，绘制3个不同色彩和大小的矩形，如图4-19所示。

 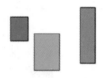

图4-18 对齐三个矩形　　图4-19 绘制3个矩形

2. 在菜单栏中选择【窗口】/【对齐】命令，调出【对齐】面板。

3. 选择3个矩形，单击【水平平均间隔】按钮，使选取对象的横向间距相等，如图4-20所示。

4. 单击【底对齐】按钮，使选取对象下边缘对齐，如图4-21所示。

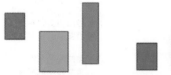 

图4-20 等分矩形间距　　图4-21 基于下边缘对齐

5. 勾选【与舞台对齐】复选框，在面板中单击【垂直中齐】按钮，使3个矩形横向中心对齐，如图4-22所示。

6. 单击【与舞台对齐】复选框，使其弹

起，然后单击【匹配高度】按钮，使选取对象以纵向长度最大的矩形为标准拉伸其他矩形，如图4-23所示。

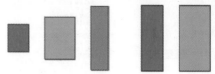

图4-22 横向中心对齐矩形　　图4-23 拉伸图形长度

4.3 课堂实训

这一节通过两个例子的制作，讲述【变形】面板和【颜色】面板的应用，熟悉这两个使用频率较高的面板可以提高制作效率。

4.3.1 有趣的图形

旋转复制图形组合，创建如图4-24所示有趣的效果。经过分析后发现图形是基于同一中心旋转而成，首先绘制基础图形，接下来调整旋转中心，再算出图形旋转间隔20°角，基本上就能把握该图形的绘制方法。

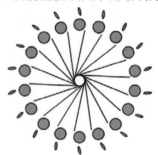

图4-24 旋转复制图形

【步骤提示】

1. 新建一个Flash文档，执行【插入】/【新建元件】命令，打开【创建新元件】对话框，在【类型】项中选择【图形】元件类型，如图4-25所示，然后单击 确定 按钮退出。

图4-25 创建新元件

2. 选择【椭圆】工具 ○，在【属性】面板中，确认【对象绘制】按钮 ○ 为按下状态，在舞台中绘制一个蓝色黑边正圆形。

3. 选择【线条】工具 ＼，绘制垂直线，和圆形一起相对舞台中心对齐，如图4-26所示。

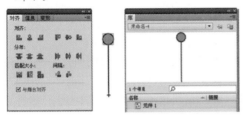

图4-26 排列图形

4. 按<Alt>键，选择并拖曳圆形，在垂直方向上复制一个圆形。

5. 选择【窗口】/【变形】命令，打开【变形】面板。

6. 选择新圆形，单击 ⊂⊃ 按钮，调整 ‡ 参数为"50%"，等比例缩小图形如图4-27所示。

7. 选择【任意变形】工具 ⠿⠿，移动图形的旋转中心位置到下部，调整【旋转】选项为"20"，如图4-28所示。

图4-27 缩小圆形　　图4-28 设置图形旋转角度

8. 连续单击【重置选区和变形】按钮 ⊞，使图形旋转复制出如图4-29所示效果。

图4-29 旋转复制图形

9. 选择舞台中的一个元件，双击鼠标进入元件编辑状态。

10. 选择直线段，点选【倾斜】选项，设置【水平倾斜】选项 ◢ 为"12"，按<Enter>键确认，图形倾斜效果如图4-30所示。

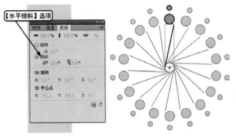

图4-30 倾斜线段

11. 选择小圆形，设置【垂直倾斜】选项 ◣ 为"60"，如图4-31所示效果。

12. 在【时间轴】面板中，单击 ■场景1，将舞台切换到主场景。

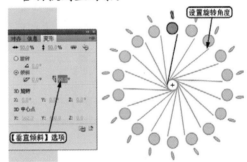

图4-31 倾斜圆形

13. 执行【控制】/【测试影片】命令，打开播放器窗口观看效果。

通过对【变形】面板中参数的调整，可以使图形产生规律性变化，对于有序的多组图形，该面板可以发挥很好的作用。

4.3.2 水晶台球

绘制精美的水晶状台球，如图4-32所示。

要实现水晶渐变色填充效果，首先要设置根据图形明暗规律设置放射状渐变色色彩，再通过透明渐变色调整出图形亮部和高光效果。

45

图4-32 水晶台球

【步骤提示】

1. 新建一个Flash文档。选择【椭圆】工具 ○，按下选项区【对象绘制】按钮 ○，按<Shift>键，绘制黑边正圆形。

2. 选择正圆形，在【颜色】面板单击【填充颜色】按钮 ◇，选择【颜色类型】中"径向渐变"选项。

3. 移动鼠标到【颜色】面板渐变色条下方，出现 ↳ 指针时，单击鼠标增加2个色标 ⬠。

4. 分别选择4个色标 ⬠，在色彩选择区调整不同色差的蓝色，如图4-33所示。

图4-33 编辑渐变色

5. 选择【椭圆】工具 ○，在蓝色正圆形上方绘制一个无边椭圆形。

6. 在【颜色】面板中选择【颜色类型】中"线性渐变"选项，选择左侧的色标 ⬠，调整为白色，设置【Alpha】值为"79%"，选择右侧的色标 ⬠，调整为白色，设置【Alpha】值为"0%"，如图4-34所示。

图4-34 调整反光效果

7. 选择 ○ 工具，按<Shift>键，绘制2个无边白色正圆形，大小和位置如图4-35所示。

图4-35 绘制圆形

8. 选择【文本】工具 T，输入"8"。调整文字大小、角度和位置，如图4-36所示。

图4-36 输入并调整文字

在本实例中，重点是掌握【颜色】面板相关选项的设置方法，对于丰富作品色彩起到很好的作用。

4.4 综合案例——圣诞树

绘制卡通效果的圣诞树，并为其添加白色的裙边效果，给人以明快轻松的感觉，如图4-37所示。在绘制过程中，首先要把握圣诞树塔状图形的层叠效果，再利用渐变色生成圣诞树的阴影等光效，增强图形的立体效果，最后利用白色的雪色裙边加强画面的对比效果。

图4-37 圣诞树

【步骤提示】

1. 新建一个Flash文档，设置背景色为浅蓝色，并以文件名"圣诞树.fla"保存。

2. 选择【矩形】工具▢，绘制无边线线性渐变矩形，调整矩形形态接近树干的形态，在【颜色】面板中，调整线性渐变为两种棕色色彩渐变，如图4-38所示。

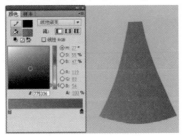

图4-38 绘制树干形状

3. 在【时间轴】面板中，新建"图层2"，选择【线条】工具＼，选择黑色实线绘制1个三角形树冠外形，选择【选择】工具▶调整线条下边缘的弧度。

4. 在【颜色】面板中，调整线性渐变为两种绿色色彩渐变。选择【颜料桶】工具◇填充图形。

5. 选择【渐变变形】工具▣，调整渐变色的渐变角度，如图4-39所示，产生光线从左上角照射的感觉。

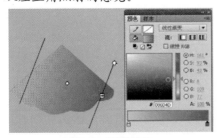

图4-39 调整渐变色

6. 选择"图层2"第1帧，单击鼠标右键，弹出快捷菜单，选择【复制帧】选项。新建"图层3"，选择第1帧，单击鼠标右键，在弹出的快捷菜单中选择【粘贴帧】命令。

7. 将图形的填充色调整为深绿色，并在【颜色】面板中设置【Alpha】选项为

"60%"。选择【选择】工具▶调整线条下边缘的弧度，使其露出左下角的区域，如图4-40所示。

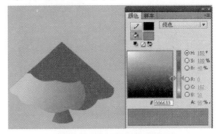

图4-40 绘制树冠的阴影

8. 同时选择"图层2"和"图层3"的第1帧，单击鼠标右键选择【复制帧】命令。新建"图层4"和"图层5"，选择"图层4"的第1帧，单击鼠标右键选择【粘贴帧】命令。

9. 同时选择新粘贴的两个图形，选择【任意变形】工具▦缩小图形，并移动到画面的上部，如图4-41所示。

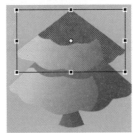

图4-41 创建并调整第2组树冠形态

10. 选择"图层2"第1帧，单击鼠标右键选择【复制帧】命令。新建"图层6"，选择第1帧，单击鼠标右键选择【粘贴帧】命令。选择【任意变形】工具▦缩小图形，并移动到画面的上部，如图4-42所示。

图4-42 创建并调整第3组树冠形态

11. 在【时间轴】面板中，增加一个新层

"图层7"，选择【刷子】工具 ✏️，选择
白色，绘制积雪图形，如图4-43所示。

图4-43 绘制树木的积雪效果

4.5 课后作业

1. 选择文字工具创建如图4-44所示的文本
   排版效果。

图4-44 文本排版效果

2. 选择文字工具创建如图4-45所示的竖排
   文本效果。

图4-45 竖排文本

3. 利用【颜色】面板编辑并填充如图4-46
   所示的放射状渐变色效果。

图4-46 放射状渐变色效果

第5讲
导入资源和元件应用

　　丰富的媒体资源引用对增加作品生动性起到至关重要的作用，不同的媒体具有不同的特性，熟练处理各类媒体之间的差异，根据作品需求有选择地利用媒体，才能使作品锦上添花。元件是在利用媒体时经常接触到的应用形式，结合Flash CS5元件的使用，对优化作品品质、提高效率都能产生很大影响。

【本讲课时】

　　本讲课时为2小时。

【教学目标】

◉ 掌握常用媒体类型。

◉ 掌握元件、实例的特点和制作方法。

◉ 掌握滤镜与混合的应用技巧。

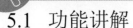

5.1 功能讲解

Flash资源的应用是一个相对复杂的环节，不同类型的资源引用会有不同的途径和方法，这需要平时多比较不同资源的应用差异，熟悉相关设置。

5.1.1 元件与实例

元件是指创建一次即可以多次重复使用的矢量图形、按钮、字体、组件或影片剪辑。想成为一位成熟的Flash软件用户，一定要学会熟练创建和应用元件。元件是可以在文档中重新使用的元素，包括图形、按钮、视频剪辑、声音文件或字体。当创建一个元件时，该元件会存储在文件的库中。当将元件放在舞台上时，就会创建该元件的一个实例。

每个元件都有唯一的时间轴和舞台。创建元件时首先要选择元件类型，这取决于用户在影片中如何使用该元件。常见的元件类型有3种，即图形元件、按钮元件和影片剪辑元件。

- 图形元件：对于静态位图可以使用图形元件，并可以利用图形元件创建几个连接到主影片时间轴上的可重用动画片段。图形元件与影片的时间轴同步运行。交互式控件和声音不会在图形元件的动画序列中起作用。可以在这种元件中引用和创建矢量图形、位图、声音和动画等元素。
- 按钮元件：使用按钮元件可以在影片中创建响应鼠标点击、滑过或其他动作的交互式按钮；可以定义与各种按钮状态关联的图形，然后指定按钮实例的动作。在创建按钮元件时，关键是区别4种不同的状态帧，包括【弹起】、【指针经过】、【按下】和【点击】。前3种状态帧根据字面意思就很容易理解，最后一种状态是

确定激发按钮的范围，在这个区域创建的图形是不会出现在画面中的。

- 影片剪辑元件：使用影片剪辑元件可以创建可重用的动画片段。影片剪辑拥有它们自己独立于主影片的时间轴播放的多帧时间轴，即可以将影片剪辑看作主影片内的小影片（包含交互式控件、声音甚至其他影片剪辑实例），也可以将影片剪辑实例放在按钮元件的时间轴内，以创建动画按钮。

实例是指位于舞台上或嵌套在另一个元件内的元件副本。实例可以与它的元件在颜色、大小和功能上差别很大。编辑元件会更新它的所有实例，但对元件的一个实例应用效果则只更新该实例。创建元件之后，可以在文档中任何需要的地方（包括在其他元件内）创建该元件的实例。重复使用实例不会增加文件的大小，这是使文档文件保持较小的一个很好的方法。

当创建影片剪辑元件和按钮元件实例时，Flash将为它们指定默认的实例名称。可以在【属性】面板中将自定义的名称应用于实例，也可以在动作脚本中使用实例名称来引用实例。如果要使用动作脚本控制实例，必须为其指定一个唯一的名称。

每个元件实例都有独立于该元件的属性。用户可以更改实例的色调、透明度和亮度，重新定义实例的行为；可以设置动画在图形实例内的播放形式；也可以倾斜、旋转或缩放实例。这些操作不会影响元件本身。

在【属性】面板左侧【实例行为】选项中包含3个选项，用于实例在【图形】元件、【按钮】元件和【影片剪辑】元件之间相互转换。用户可以改变实例的类型来重新定义它在影片中的行为。如果一个图形实例包含用户想要独立于主影片的时间轴播放的动画，可以将该图形实例重新定义为影片剪辑实例。

在【属性】面板左侧的【实例名称】选项文本框中可以为引入舞台后的元件命名。相同的元件只要重复被引用到舞台，就可以拥有一个相对独立的引用名称，供以后设置动作语言时制定调用对象。

每个元件实例都可以有自己的色彩效果。要调整实例的颜色和透明度，可使用【属性】面板中【色彩效果】区的【样式】选项进行设置。为了追求比较丰富的作品变化效果，需要对元件的色彩、亮度和透明度进行调整。

【样式】选项下拉列表中的其他4个选项如下。

- 【亮度】：调节图像的相对亮度或暗度，参数从黑（-100%）到白（100%）。选择该选项后，拖动滑块，或者在文本框内输入一个值调节图像的亮度。
- 【色调】：用相同的色相为实例着色，参数从透明（0%）到完全饱和（100%）。选择该选项后，拖动滑块，或者在文本框内输入一个值来调节色调。要选择颜色，可在各自的文本框中输入红、绿和蓝色的值，或单击颜色框，并从弹出窗口中选择一种颜色，也可以单击【颜色选择器】按钮 ▢。
- 【Alpha】：调节实例的透明度，参数从透明（0%）到完全饱和（100%）。拖动滑块，或者在文本框内输入一个值，即可调节透明度。
- 【高级】：分别调节实例的红、绿、蓝和透明度的值。对于在诸如位图这样的对象上创建和制作具有微妙色彩效果的动画时，该选项非常有用。左侧的控件用户可以按指定的百分比降低颜色或透明度的值，右侧的控件用户可以按常数值降低或增大颜色、透明度的值。

5.1.2 滤镜及应用

使用滤镜，可以为文本、按钮和影片剪辑增添丰富的视觉效果，投影、模糊、发光和斜角都是常用的滤镜效果。Flash CS5还可以使用补间动画让应用的滤镜活动起来。应用滤镜后，可以随时改变其选项，或者重新调整滤镜顺序以试验组合效果。在【属性】面板中，可以启用、禁用或者删除滤镜。删除滤镜时，对象恢复原来外观。

(1) 【投影】滤镜可以模拟对象向一个表面投影的效果，或者在背景中剪出一个形似对象的洞，来模拟对象的外观，其面板如图5-1所示。

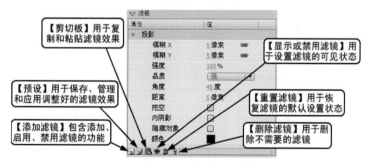

图5-1 【投影】滤镜参数设置面板

(2) 【模糊】滤镜可以柔化对象的边缘和细节。模糊滤镜的参数比较少，主要包括模糊程度和品质两项参数，其面板如图5-2所示。

图5-2 【模糊】滤镜参数设置面板

(3) 【发光】滤镜，可以为对象的整个边缘应用颜色，其面板如图5-3所示。

图5-3 【发光】滤镜参数设置面板

(4) 【斜角】滤镜就是为对象应用加亮效果，使其看起来凸出于背景表面。可以创建内斜角、外斜角或者完全斜角，其面板如图5-4所示。

图5-4 【斜角】滤镜参数设置面板

(5) 【渐变发光】滤镜，可以在发光表面产生带渐变颜色的发光效果。渐变发光要求选择一种颜色作为渐变开始的颜色，该颜色的Alpha值为"0"，且无法移动其位置，但可以改变该颜色。渐变发光滤镜的效果和发光滤镜的效果基本一样，只是可以调节发光的颜色为渐变颜色，还可以设置角度、距离和类型，其面板与图5-4类似，不再赘述。

(6) 【渐变斜角】滤镜可以产生一种凸起效果，使对象看起来好像从背景上凸起出来，且斜角表面有渐变颜色。渐变斜角要求渐变的中间有一

个颜色，颜色的Alpha值为"0"。且此颜色的位置无法移动，但可以改变该颜色。它的控制参数和斜角滤镜的相似，不同的是它能更精确地控制斜角的渐变颜色。

(7) 使用调整颜色滤镜可以调整所选影片剪辑、按钮或者文本对象的亮度、对比度、色相和饱和度。

5.1.3 混合方式

一直以来，Flash的图像处理功能都不强，一般需要利用第三方软件处理后才能导入到软件中。现在，Flash CS5引入了Photoshop的混合模式功能。混合模式是利用数学算法通过一定运算来混合叠加在一起的两层图像。利用混合模式，可以改变两个或两个以上重叠对象的透明度或者颜色间的相互关系，创建复合的图像，从而创造独特的效果。

Flash CS5 提供了以下14种混合模式。

- 【一般】：正常应用颜色，不与基准颜色有相互关系。
- 【图层】：可以层叠各个影片剪辑，而不影响其颜色。
- 【变暗】：只替换比混合颜色亮的区域，比混合颜色暗的区域不变。
- 【正片叠底】：将基准颜色复合以混合颜色，从而产生较暗的颜色。
- 【变亮】：只替换比混合颜色暗的区域，比混合颜色亮的区域不变。
- 【滤色】：应用此模式，用背景颜色乘以前景颜色的反色，产生高亮度的画面效果。
- 【叠加】：进行色彩增值或滤色，具体情况取决于基准颜色。
- 【强光】：进行色彩增值或滤色，具体情况取决于混合模式颜色。该效果类似于用点光源照射对象的效果。
- 【增加】：在基准颜色的基础上增加

混合颜色。

- 【减去】：从背景颜色中去除前景颜色。
- 【差值】：从基准颜色中减去混合颜色，或者从混合颜色中减去基准颜色，具体情况取决于哪个的亮度值较大。
- 【反相】：取基准颜色的反色。
- 【Alpha】：应用此模式，可以完全透明显示背景图像或图形。
- 【擦除】：擦除前景颜色，显示背景颜色，效果和【Alpha】选项相似。

5.2 范例解析

本节首先讲述图像资源引用方法并设置相关属性，再以图形元件为例讲述元件的基本创建方法。

5.2.1 爱牙日广告

创建如图5-5所示的效果，保留psd的图层和原始信息。实现这一效果，主要利用【PSD导入】面板相关设置选项，根据作品创作需求保留相对独立的文件信息，为后续的动画制作提供较好的基础条件。

图5-5 爱牙日广告

【操作提示】

1. 新建一个Flash文档，执行【文件】/【导入】/【导入到舞台】命令，导入配套资源文件"爱牙日广告.psd"。

2. 在弹出的PSD导入对话框中勾选【将舞台大小设置为与Photoshop画布大小相同】选项，如图5-6所示；将使舞台大小设置为与Photoshop画布大小相同的"800×600"。

图5-6 导入对话框

3. 在左侧导入PSD文件中的图层区，选择"广告语"图层。在右侧的可导入选项设置区，勾选【为此图层创建影片剪辑】选项，设置【实例名称】为"标语"，如图5-7所示。

图5-7 创建影片剪辑

4. 选择"背景"图层。在右侧的可导入选项设置区，选择【压缩】选项下拉菜单中的【无损】选项，如图5-8所示，使用无损压缩格式压缩图像。

5. 选择"爱牙日"图层。在右侧的可导入选项设置区，选择【可编辑文本】选项，如图5-9所示，保持文本的可编辑性。

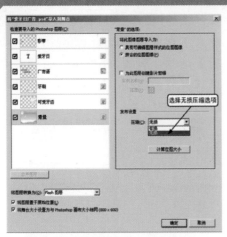

图5-8 使用无损压缩格式压缩图像

图5-9 保持文本的可编辑性

6. 选择"彩带"图层。在右侧的可导入选项设置区，选择【可编辑路径与图层样式】选项，如图5-10所示，使该层的元素保持可编辑矢量形状。

图5-10 保持可编辑矢量形状

7. 查看导入后的文件保留图层信息和便于后续操作的设置效果，如图5-11所示。

图5-11 导入后的psd文件

5.2.2 减小位图输出容量

创建如图5-12所示的图像效果，左图为未压缩图像；右图为压缩图像。实现这一效果，主要利用【位图属性】文本框中图像质量的调整方法。

图5-12 位图输出效果比较

【操作提示】

1. 新建一个Flash文档，执行【文件】/【导入】/【导入到舞台】命令，导入配套资源文件"小狗.jpg"。

2. 执行【窗口】/【库】命令，打开【库】面板，查看【库】面板中的位图，如图5-13所示。

图5-13 【库】面板中的位图资源

3. 执行【文件】/【导出】/【导出影片】命令，导出"减小位图输出容量1.swf"文件。

4. 在【库】面板中双击位图资源图标 ，打开【位图属性】对话框，查看位图文件的属性，如图5-14所示。

图5-14 【位图属性】文本框

5. 在【位图属性】文本框中，取消勾选【使用导入的JPEG数据】选项，设置【品质】选项的参数为"10"，单击 测试(T) 按钮查看效果，如图5-15所示。

图5-15 测试结果显示

6. 单击 确定 按钮，退出【位图属性】对话框。

7. 再次执行【文件】/【导出】/【导出影片】命令，导出"减小位图输出容量2.swf"文件。

8. 打开输出文件所在的文件夹，比较输出文件的大小，如图5-16所示。发现经过压缩后的位图文件输出容量比较小。

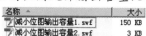

图5-16 比较输出文件容量

5.2.3 牧羊犬

创建如图5-17所示的图像效果，实现两幅图像交替变化的图形元件效果。实现这一效果，主要利用图形元件的基本属性，再利用相关技巧制作丰富的动画画面效果。

图5-17 牧羊犬

【操作提示】

1. 新建一个Flash文档。执行【插入】/【新建元件】命令，打开【创建新元件】对话框，在【名称】栏中输入名称"过渡"，在【类型】项中选择【图形】元件类型，如图5-18所示，然后单击 确定 按钮退出。

图5-18 【创建新元件】窗口

2. 执行【文件】/【导入】/【导入到舞台】命令，选择配套资源文件"狗1.jpg"，单击 打开(0) 按钮导入文件，如图5-19所示。

图5-19 导入位图

3. 在【时间轴】面板中单击【插入图层】按钮 ，增加"图层2"层。

4. 执行【文件】/【导入】/【导入到舞台】命令，选择配套资源中的"狗2.jpg"文件，单击 打开(0) 按钮导入文件，如图5-20所示。

5. 在【时间轴】面板中，单击【插入图层】按钮 ，增加"图层3"层。

6. 选择【矩形】工具 ，设置填充色为"黑色"，在"图层3"上绘制如图5-21所示

的矩形。

图5-20　导入第2张位图

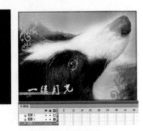

图5-21　绘制矩形

7. 选择"图层3"中的第1帧，单击鼠标右键选择【创建补间动画】命令，如图5-22所示。

图5-22　创建补间动画

8. 在【时间轴】面板中同时选择3个图层的第30帧，按<F5>键增加普通帧，如图5-23所示。

图5-23　增加普通帧

9. 选择"图层3"中第1帧中上的矩形对象，移动矩形到画面的左侧。

10. 选择"图层3"层，移动播放头到第30帧，移动矩形到画面的右侧，如图5-24所示。

图5-24　向右移动矩形位置

11. 在"图层3"层名称上，单击鼠标右键，选择【遮罩层】菜单命令，创建遮罩层，如图5-25所示。

图5-25　创建遮罩层

12. 在【时间轴】面板中单击 场景1 按钮，将舞台切换到场景中。

13. 执行【窗口】/【库】命令，打开【库】面板，将"过渡"元件从库中拖到舞台中。

14. 在【时间轴】面板中，选择图层的第30帧，按<F5>键增加普通帧，如图5-26所示。

图5-26　从库中拖曳元件到舞台

15. 执行【控制】/【测试影片】命令，打开播放器窗口，观看展开画面的效果。

16. 执行【文件】/【保存】命令，将文件保存为"牧羊犬.fla"文件。

5.3 课堂实训

这一节首先制作影片剪辑元件和按钮元件，要注意比较元件之间的差异。然后再来学习【渐变发光】和【模糊】两种滤镜的应用方法。

5.3.1 八连环

创建如图5-27所示的旋转八连环效果。本例重点掌握影片剪辑元件的相关属性，在制作时会发现动画的制作方法并没有什么特殊性，只是在初始创建元件时选择影片剪辑元件类型而已，只有在元件应用为实例时才会体会元件之间的差异。

图5-27 八连环

【步骤提示】

1. 新建一个Flash文档，导入配套资源文件"背景.jpg"，如图5-28所示。

图5-28 导入位图

2. 执行【插入】/【新建元件】命令，弹出【创建新元件】对话框，在【名称】栏中输入"圆环"，在【类型】项中选择【影片剪辑】选项，如图5-29所示，单击 确定 按钮创建一个影片剪辑。

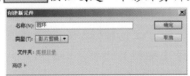

图5-29 【创建新元件】对话框

3. 选择【基本椭圆】工具，绘制浅黄色边线桔黄色圆形。设置【笔触高度】为"3"，设置【内径】为"80"，圆环效果如图5-30所示。

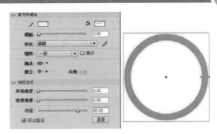

图5-30 绘制圆环

4. 选择圆环，拖曳到【库】面板，弹出【转换为元件】对话框，在【名称】栏中输入"基础"，在【类型】项中选择【图形】选项，如图5-31所示，单击 确定 按钮创建图形。

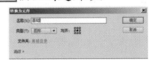

图5-31 【创建新元件】对话框

5. 双击【橡皮擦】工具，擦除当前舞台中的圆环图形。

6. 选择【Deco】工具，在【属性】面板【绘制效果】选项区，选择下拉菜单中的【对称刷子】选项。

7. 在【属性】面板【模块】选项区右侧单击 编辑... 按钮，弹出【选择元件】对话框，选择"基础"图形元件，单击 确定 按钮退出。

8. 在【属性】面板【高级选项】选项区的下拉菜单中选择【旋转】选项，并取消勾选【测试冲突】选项，绘制如图5-32所示的八连环效果。

图5-32 旋转复制图形

9. 在【时间轴】面板中，选择"图层1"层第1帧，单击鼠标右键，选择【创建补间动画】菜单命令。

10. 选择第24帧，在【属性】面板的【旋转】区中单击【方向】选项，在弹出的下拉列表中选择"顺时针"选项，如图5-33所示，制作八连环旋转动画。

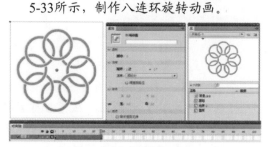

图5-33 选择"顺时针"选项

11. 双击舞台中的八连环图形元件，进入元件编辑状态。

12. 新建"图层2"，选择导入配套资源文件"苹果汁.png"，酒杯图形放置在中心位置如图5-34所示。

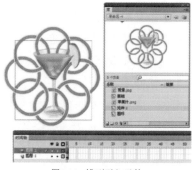

图5-34 排列引入元件

13. 在【时间轴】面板中，单击 ▣ 场景1，将舞台切换到主场景。

14. 新建"图层2"，从【库】面板中拖曳"圆环"影片剪辑元件到舞台中。

15. 执行【控制】/【测试影片】命令，打开播放器窗口，观看图形旋转的效果。

16. 执行【文件】/【保存】命令，将文件保存为"八连环.fla"文件。

在这个顺时针旋转动画效果中，要注意【属性】面板的动画设置选项。在动画制作结束引用到舞台中时，用户不需要延长帧的长度，只要有一帧就可以播放影片剪辑元件中的12帧旋转动画。这种现象和图形元件的实例应用效果存在差异。

5.3.2 媒体按钮

创建如图5-35所示的图像效果，学习按钮元件的制作，以及如何应用到媒体界面中。

图5-35 多媒体按钮

按钮元件的制作和另外两种元件有很大不同，按钮元件内部的时间轴只有4帧，通过前3个关键帧的设置就可以完成基本按钮的创建。随着对相关知识的丰富，在按钮元件状态帧中也可以引用影片剪辑元件，制作出动画效果的按钮，操作方法如下。

【步骤提示】

1. 新建一个Flash文档。在【属性】面板中，设置文档大小为"1024×510"像素。

2. 执行【文件】/【导入】/【导入到舞台】命令，在【导入】对话框中选择配套资源文件"媒体界面.jpg"，单击 打开(O) 按钮确定，如图5-36所示。

图5-36 导入位图

3. 执行【插入】/【新建元件】命令，打开【创建新元件】对话框，在【名称】栏中输入"立体按钮"，在【类型】项中选择【按钮】选项，如图5-37所示，单击 确定 按钮。

图5-37 【创建新元件】对话框

4. 选择【基本矩形】工具☐，绘制黑边由白到黑线性渐变矩形。

5. 选择矩形，在【属性】面板【矩形选项】中，拖动滑动条△，设置【矩形边角半径】为"100"，如图5-38所示。

图5-38 【矩形设置】面板

6. 选择【渐变变形】工具☐，旋转90度渐变角度，调整渐变范围如图5-39所示。

图5-39 调整渐变色

7. 选择倒角矩形，执行【窗口】/【颜色】命令，打开【颜色】面板，在面板中编辑线性渐变色彩。选择右侧的色标△，设置为"红色"，如图5-40所示。

图5-40 调整按钮渐变色

8. 选择倒角矩形，按<Ctrl>+<C>键复制图形，执行【编辑】/【粘贴到当前位置】命令，保持选择状态。

9. 选择【任意变形】工具☐，调整图形大小和位置。

10. 单击【笔触颜色】按钮☐，单击右侧的颜色选择区，在弹出的窗口中单击按钮☐，去除矩形边线。

11. 在【颜色】面板中，单击【填充颜色】按钮☐，选择左侧的色标△，调整为白色，设置【Alpha】值为"0%"。

12. 选择右侧的色标△，调整为白色，设置【Alpha】值为"76%"，高光效果如图5-41所示。

图5-41 调整高光色彩

13. 在【时间轴】面板，选择【按下】状态帧，按<F6>键增加关键帧，如图5-42所示。

图5-42 增加关键帧

14. 选择【指针经过】状态帧，按<F6>键增加关键帧。

15. 选择红色渐变矩形，调整色彩为灰红色，如图5-43所示。

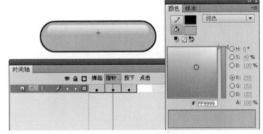

图5-43 调整颜色

16. 在【时间轴】面板中，单击【新建图层】按钮☐，增加"图层2"层。选择☐工具，输入"点击进入"黑色黑体文字，如图5-44所示。

图5-44 输入文字

17. 单击 ▤ 场景1 按钮，将舞台切换到场景，拖放【库】面板中的"立体按钮"元件到舞台。

18. 执行【控制】/【启用简单按钮】命令，测试按钮效果如图5-45所示。

图5-45 测试按钮效果

19. 执行【文件】/【保存】命令，将文件保存为"媒体按钮.fla"文件。

在本实例中，通过在按钮元件不同的状态帧设置翻转的图形快速制作出按钮效果。同时要注意比较按钮元件帧和其他元件类型的区别，在其他类型元件中也有4个关键帧时，如不设置相应脚本语句就会循环播放，而在按钮元件中会变成相对独立的状态帧，随鼠标的移入移出自动跳转到对应关键帧。

5.4 综合案例——白云遮月

创建如图5-46所示的效果，调整出朦胧的月色和飘渺的白云效果。

图5-46 白云遮月

处理画面效果时，需要综合应用【渐变发光】滤镜和【模糊】滤镜工具，用户可以比较两种不同滤镜的设置方法。

【步骤提示】

1. 新建一个Flash文档，设置背景色为浅蓝色。

2. 执行【文件】/【导入】/【导入到舞台】命令，在【导入】对话框中选择配套资源中的"星空.jpg"文件，单击 打开(0) 按钮确定，如图5-47所示。

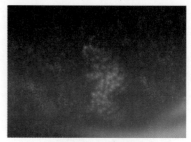

图5-47 引入位图

3. 在【时间轴】面板中，单击【插入图层】按钮 ，增加"图层2"层。

4. 执行【插入】/【新建元件】命令，弹出【创建新元件】对话框，在【名称】栏中输入"圆月"，在【类型】项中选择【影片剪辑】选项，单击 确定 按钮创建一个影片剪辑。

5. 选择【椭圆】工具 ，在舞台中绘制无边白色圆形，如图5-48所示。

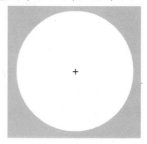

图5-48 绘制圆形

6. 在【时间轴】面板中，单击 ▤ 场景1 按钮，将舞台切换到场景中。从【库】面板中将"圆月"元件拖放到舞台中。

7. 选择"圆月"实例，在【属性】面板中选择【滤镜】选项卡，单击【添加滤镜】按钮 ，然后在弹出的菜单中选择【渐变发光】滤镜，如图5-49所示。

8. 拖动【模糊X】和【模糊Y】滑块，设置发光的宽度和高度为"60"，使发光效果更加柔和。

9. 拖动【强度】滑块设置发光的清晰度为

"500%"，使发光对比效果更加明显。

图5-49 添加【渐变发光】滤镜

10. 设置【品质】选项为【高】，如图5-50所示。

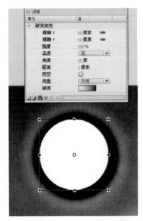

图5-50 调整【渐变发光】滤镜属性

11. 设置【类型】选项为【全部】，如图5-51所示。

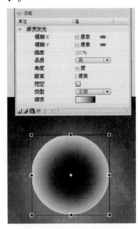

图5-51 设置【类型】选项

12. 单击渐变定义栏左侧的色标，在弹出的【颜色选择器】对话框中更改色彩为橘黄色。

13. 单击渐变定义栏右侧的色标，在弹出的【颜色选择器】对话框中更改色彩为浅黄色，如图5-52所示。

图5-52 调整【渐变发光】滤镜属性

14. 执行【插入】/【新建元件】命令，弹出【创建新元件】对话框，在【名称】栏中输入"白云"，在【类型】项中选择【影片剪辑】选项，单击 确定 按钮创建一个影片剪辑。

15. 选择【椭圆】工具 ◯，在舞台中绘制多个无边白色椭圆形，如图5-53所示。

图5-53 绘制椭圆形

16. 在【时间轴】面板中，单击 场景1 按钮，将舞台切换到场景中。从【库】面板中将"白云"元件拖放到舞台中。

17. 选择"白云"实例，单击【添加滤镜】按钮 ，然后从弹出菜单中选择【模糊】滤镜。

18. 拖动【模糊X】和【模糊Y】滑块，设置模糊的宽度和高度为"30"，设置【品质】选项为"高"，效果如图5-54所示。

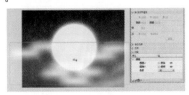

图5-54 添加【模糊】滤镜

5.5 课后作业

1. 从"序列文件"导入一组文件名连续的位图到文件，如图5-55所示。

图5-55 文件名连续的位图文件

2. 从配套资源中打开"渐变球.fla"文件，将【库】面板中的"渐变"影片剪辑元件转化为图形元件，如图5-56所示。

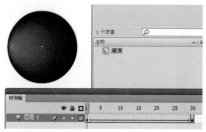

图5-56 转化元件类型

3. 将上题中的"渐变"图形元件应用为实例，并改变透明度为"60%"。

4. 利用【滤镜】创建如图5-57所示的文字效果。

图5-57 文字辉光效果

第6讲
补间动画

作为一个专业的动画制作软件，Flash CS5最主要的功能就是让精彩图形以及引入的素材动起来，以此来表现作品的思想主题。从本章开始将结合前面所学的内容，介绍动画制作方法以及一些制作技巧，其中的实例将涉及Flash动画的多种应用，由此读者还可以掌握实际工作中Flash CS5的动画制作思路与流程。

【本讲课时】

本讲课时为4小时。

【教学目标】

- 了解帧的含义及其相关设置。
- 了解补间动画和传统补间之间的差异。
- 掌握补间动画的制作及技巧。
- 掌握补间形状的制作。
- 掌握【动画编辑器】的使用技巧。

6.1 功能讲解

下面从动画的有关概念出发，依据Flash CS5补间动画制作类型来讲解制作方法，同时就各种动画制作的技巧和应该注意的问题进行阐述。

6.1.1 Flash动画原理

动画是一门在某种介质上记录一系列单个画面，并通过一定的速率回放所记录的画面而产生运动视觉的技术。在计算机动画制作中，构成动画的一系列画面叫帧，因此帧也就是动画最小时间单位里出现的画面。Flash动画是以时间轴为基础的帧动画，每一个Flash动画作品都以时间为顺序，由先后排列的一系列帧组成。

【时间轴】面板是Flash CS5组织动画并进行控制的主要面板，由图层控制区和时间轴控制区组成。图6-1是【时间轴】面板的基本构成。

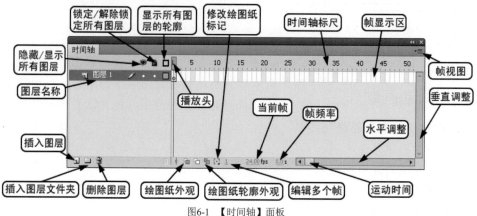

图6-1 【时间轴】面板

创建新文档后，【时间轴】面板中只显示一个图层，名称是"图层1"，在此基础上可以继续增加图层，以便将动画内容分解到不同图层上，通过图层叠加的相互遮挡，实现复杂动画的合成。图层分为一般层、引导层、运动引导层、被引导层、遮罩层和被遮罩层，其作用各不相同。除非特别说明，本书中所说的图层都指一般层。

Flash CS5支持以下类型的动画。

* 补间动画：使用补间动画可设置对象的属性，如在一个帧中以及另一个帧中的位置和Alpha透明度等，Flash在中间内插帧完成动画。对于由对象的连续运动或变形构成的动画，补间动画很有用。

* 传统补间：传统补间与补间动画类似，允许制作一些特定的动画效果，但是创建起来更复杂。

* 反向运动姿势：反向运动姿势用于伸展和弯曲形状对象以及链接元件实例组，使它们以自然方式一起移动。可以在不同帧中以不同方式放置形状对象或链接的实例，Flash将在中间内插帧中的位置。

* 补间形状：在形状补间中，可在时间轴中的特定帧绘制一个形状，然后更改该形状或在另一个特定帧中绘制另一个形状，最后，Flash将内插中间的帧的中间形状，创建一个形状变形为另一个形状的动画。

- 逐帧动画：使用此动画技术，可以为时间轴中的每个帧指定不同的艺术作品。使用此技术可创建与快速连续播放的影片帧类似的效果。对于每个帧的图形元素必须有不同的复杂动画而言，此技术非常有用。

在Flash CS5动画制作的过程中，关键帧会依据不同的动画种类显示不同的状态，其含义也不一样，同时还会有其他一些相关帧出现在制作动画的【时间轴】面板中。图6-2所示为【时间轴】面板缺省设置下各种帧的显示。

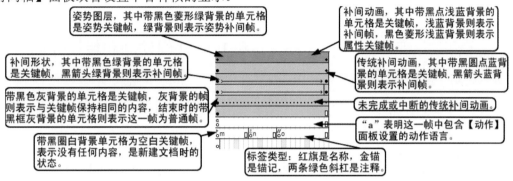

图6-2　帧的显示状态

6.1.2　补间动画制作

Flash CS5支持两种不同类型的补间以创建动画。通过补间动画可对补间的动画进行最大程度的控制，提供了更多的补间控制。对于由对象的连续运动或变形构成的动画，补间动画很有用。补间动画在时间轴中显示为连续的帧范围，默认情况下可以作为单个对象进行选择。补间动画功能强大，易于创建。

如果对象不是可补间的对象类型，或者如果在同一图层上选择了多个对象，将显示一个【将所选的内容转换为元件以进行补间】对话框，如图6-3所示，单击 确定 按钮可以将所选内容转换为影片剪辑，然后继续进行后续操作。

补间动画的第1帧中的黑点表示补间范围分配有目标对象。黑色菱形表示最后一个帧和任何其他属性关键帧，如图6-4所示。属性关键帧是在补间范围中为补间目标对象显式定义一个或多个属性值的帧，定义的每个属性都有它自己的属性关键帧。如果在单个帧中设置了多个属性，则其中每个属性的属性关键帧会驻留在该帧中。可以在【动画编辑器】面板中查看补间范围的每个属性及其属性关键帧。

图6-3　转换为元件

图6-4　补间动画特征

关键帧中只能存在一个对象，而且必须要有一个属性关键帧。设置补间动画的关键帧可以采用以下两种方式。

- 选择开始关键帧后，选择【插入】/【补间动画】命令。
- 用鼠标右键单击开始关键帧，从弹出的快捷菜单中选择【创建补间动画】命令。

取消补间动画，也有两种方式：可以选择【插入】/【删除补间】命令，也可以单击鼠标

右键在弹出的快捷菜单中选择【删除补间】命令。

如果是对元件的位置移动和变形补间，舞台会显示运动路径，运动路径显示每个帧中补间对象的位置。将其他元件从【库】中拖到时间轴中的补间范围上可以替换补间中的原始元件。可从补间图层删除元件，而不必删除或断开补间，这样，以后可以将其他元件实例添加到补间中。可以用部分选取、转换锚点、删除锚点和任意变形等工具以及"修改"菜单上的命令编辑舞台上的运动路径，如图6-5所示。

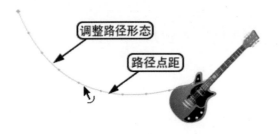

图6-5　调整路径弧度

6.1.3　传统补间动画制作

传统补间（包括在早期版本的Flash中创建的所有补间）的创建过程更为复杂。传统补间动画的关键帧中只能存在一个对象，而且必须要有两个关键帧。可以在设置开始关键帧与结束关键帧以后，再设置补间；也可以先设置开始关键帧与补间动画，再设置结束关键帧。开始关键帧与结束关键帧都是相对的，前一个动画的结束关键帧可能就是下一个动画的开始关键帧。设置补间动画的关键帧可以采用以下两种方式。

- 选择开始关键帧后，选择【插入】/【传统补间】命令。
- 用鼠标右键单击开始关键帧，从弹出的快捷菜单中选择【创建传统补间】命令。

如果在【属性】面板中出现⚠图标，就是提示补间动画无法实现。取消补间动画，

也有两种方式。可以选择【插入】/【删除补间】命令，也可以单击鼠标右键在弹出的快捷菜单中选择【删除补间】命令。

在传统补间动画制作过程中，通过设置多个关键帧，可以实现更加复杂的运动。同时，巧妙的利用补间动画，还可以实现一些特殊图形效果。

6.1.4　补间动画和传统补间之间的差异

使用过程中要注意区别两种不同类型的补间动画特点，根据用户自己的使用习惯和创作特点灵活选择对应的补间动画方式。

补间动画和传统补间之间的差异主要有以下几个方面。

- 传统补间使用关键帧。关键帧是其中显示对象的新实例的帧。补间动画只能具有一个与之关联的对象实例，并使用属性关键帧而不是关键帧。
- 补间动画在整个补间范围上由一个目标对象组成。
- 补间动画和传统补间都只允许对特定类型的对象进行补间。若应用补间动画，则在创建补间时会将所有不允许的对象类型转换为影片剪辑。而应用传统补间会将这些对象类型转换为图形元件。
- 补间动画会将文本视为可补间的类型，而不会将文本对象转换为影片剪辑。传统补间会将文本对象转换为图形元件。
- 在补间动画范围内不允许帧脚本，而传统补间允许帧脚本。
- 补间目标上的任何对象脚本都无法在补间动画范围的过程中更改。
- 可以在时间轴中对补间动画范围进行拉伸和调整大小，并将它们视为单个对象。传统补间包括时间轴中可分别

选择的帧的组。

- 若要在补间动画范围中选择单个帧，必须按住<Ctrl>键单击帧。
- 对于传统补间，缓动可应用于补间内关键帧之间的帧组。对于补间动画，缓动可应用于补间动画范围的整个长度。若要仅对补间动画的特定帧应用缓动，则需要创建自定义缓动曲线。
- 利用传统补间，可以在两种不同的色彩效果（如色调和Alpha透明度）之间创建动画。补间动画可以对每个补间应用一种色彩效果。
- 只可以使用补间动画来为3D对象创建动画效果。无法使用传统补间为3D对象创建动画效果。
- 只有补间动画才能保存为动画预设。
- 对于补间动画，无法交换元件或设置属性关键帧中显示的图形元件的帧数。应用了这些技术的动画要求使用传统补间。

6.1.5 对补间动画和传统补间动画的特殊控制

补间动画和传统补间动画生成后，还可以利用【属性】面板中的相关选项实现进一步控制，比如使运动产生非匀速运动效果等，如图6-6和图6-7所示。下面对此做简要介绍。

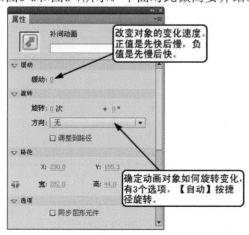

图6-6 补间动画相关选项

图6-7 传统补间动画相关选项

【自定义缓入/缓出】对话框如图6-8所示，由此可以实现对补间动画更加精确与复杂的控制。此对话框采用曲线表示动画随时间的变化程度，其中水平轴表示帧，垂直轴表示变化的百分比。第1个关键帧表示为0%，最后1个关键帧表示为100%。曲线斜率表示变化速率，曲线水平时（无斜率），变化速率为零；曲线垂直时，变化速率最大。

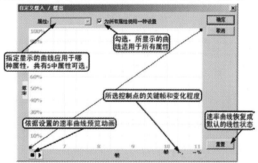

图6-8 【自定义缓入/缓出】对话框

在线上单击鼠标1次，就会添加一个新控制点。通过拖动控制点的位置，可以实现对动画对象的精确控制。单击控制点的手柄（方形手柄），可选择该控制点，并显示其两侧用空心圆表示的正切点，如图6-9所示。可以使用鼠标拖动控制点或其正切点，也可以使用键盘的箭头键确定其位置。在对话框的右下角显示所选控制点的关键帧和变化程度，如果没有选择控制点，则不显示数值。

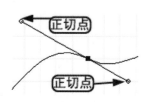

图6-9 曲线上的控制点

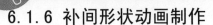

6.1.6 补间形状动画制作

补间形状指形状逐渐发生变化的动画，和补间动作动画正好相反，补间形状中的动画对象只能是矢量图形。要对组、实例或位图图像进行变形动画，必须首先分离成矢量图形；要对文本进行变形动画，必须将文本分离两次，才能将文本转换为矢量图形。

补间形状动画，一次补间一个形状通常可以获得最佳效果。如果有多个矢量图形存在，在变形过程中将被当做一个整体看待。对于复杂的或希望人为控制的变形动画，可以加形状提示进行控制。形状提示使用26个英文字母标识起始形状和结束形状中相对应的点，因此最多可以使用26个形状提示。增加形状提示可以选择【修改】/【形状】/【添加形状提示】命令。如果无法看到形状提示，可以选择【视图】/【显示形状提示】命令。用鼠标右键单击形状提示点，可以打开如图6-10所示的快捷菜单进行形状提示处理。

```
添加提示 (A)
删除提示 (R)
删除所有提示 (M)

✓ 显示提示 (W)
```

图6-10 快捷菜单

使用形状提示要注意以下几点。

- 在复杂的形状变形中，需要先创建中间形状，然后再进行补间，而不要只定义起始和结束的形状。
- 形状提示要符合逻辑。比如开始帧的一条线上按a、b、c顺序放置了3个提示点，那么在结束帧的相应线就不能按a、c、b顺序放置这3个提示点。
- 按逆时针顺序从形状的左上角开始放置形状提示，工作效果最好。
- 增加提示点只能在开始帧进行，因此必须返回开始帧才能增加提示点。
- 提示点并非设置的越多越好，有时设置一个提示点就能取得很好的效果。

6.1.7 动画编辑器及属性关键帧

通过【动画编辑器】面板，可以查看所有补间属性及其属性关键帧，如图6-11所示，还提供了向补间添加精度和详细信息的工具。在【时间轴】中创建补间后，【动画编辑器】允许用户以多种不同的方式来控制补间。

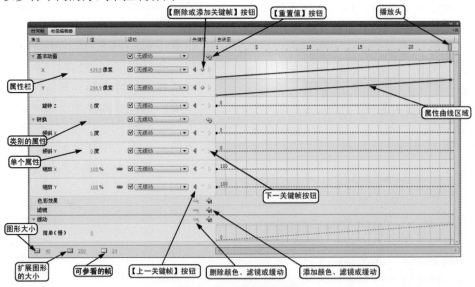

图6-11 【动画编辑器】面板

选择【时间轴】面板中的补间范围或者舞台上的补间对象或运动路径后，【动画编辑器】面板即会显示该补间的属性曲线。【动画编辑器】面板将在网格上显示属性曲线，该网格表示发生选定补间的时间轴的各个帧。在【时间轴】和【动画编辑器】面板中，播放头将始终出现在同一帧编号中。

【动画编辑器】面板使用每个属性的二维图形表示已补间的属性值。每个属性都有自己的图形。每个图形的水平方向表示时间（从左到右），垂直方向表示对属性值的改变。特定属性的每个属性关键帧将显示为该属性的属性曲线上的控制点。如果向一条属性曲线应用了缓动曲线，则另一条曲线会在属性曲线区域中显示为虚线。该虚线显示缓动对属性值的影响。

有些属性不能进行补间，因为在时间轴中对象的生存期内它们只能具有一个值。一个示例是"渐变斜角"滤镜的"品质"属性。这些属性可以在动画编辑器中进行设置，但它们没有图形。

在【动画编辑器】面板中通过添加属性关键帧并使用标准贝赛尔控件处理曲线，您可以精确控制大多数属性曲线的形状。对于x、y和z属性，可以在属性曲线上添加和删除控制点，但不能使用贝塞尔控件。

若要将某个属性关键帧复制到补间范围内的另一个位置，请按住<Ctrl>键并单击该属性关键帧以将其选定，然后在按住<Alt>键的同时将它拖动到新位置。

6.1.8 缓动补间动画制作

使用【动画编辑器】面板还可对任何属性曲线应用缓动。在【动画编辑器】面板中应用缓动使用户可以创建特定类型的复杂动画效果，而无需创建复杂的运动路径。缓动曲线是显示在一段时间内如何内插补间属性值的曲线。通过对属性曲线应用缓动曲线，可以轻松地创建复杂动画。在【属性】面

板中应用的缓动将影响补间中包括的所有属性。在【动画编辑器】面板中应用的缓动可以影响补间的单个属性、一组属性或所有属性。

Flash CS5包含一系列的预设缓动，菜单选项如图6-12所示，适用于简单或复杂的效果，各预设的缓动曲线如图6-13所示。在【动画编辑器】面板中，还可以创建自己的自定义缓动曲线。

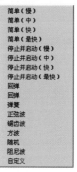

图6-12 缓动菜单

缓动的常见用法之一是在舞台上编辑运动路径并启用浮动关键帧以使每段路径中的运行速度保持一致。然后可以使用缓动在路径的两端添加更为逼真的加速或减速。

在向属性曲线应用缓动曲线时，属性曲线图形区域中将显示缓动曲线的可视叠加。叠加是通过将属性曲线和缓动曲线显示在同一图形区域中，使得在测试动画时了解舞台上所显示的最终补间效果更为方便。

若要在【动画编辑器】面板中使用缓动，请将缓动曲线添加到选定补间可用的缓动列表中，然后对所选的属性应用缓动。对属性应用缓动时，会显示一个叠加到该属性的图形区域的虚线曲线。该虚线曲线显示补间曲线对该补间属性的实际值的影响。

缓动补间动画的基本操作有以下几个方面。

- 若要向选定补间动画可用的缓动列表中添加缓动，请单击【动画编辑器】的"缓动"部分中的 【添加】按钮，然后选择要添加的缓动。

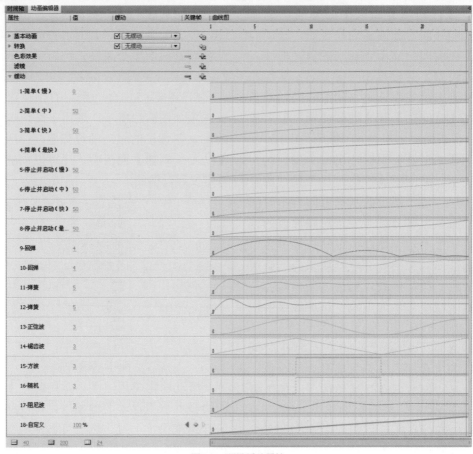

图6-13 预设缓动属性

- 若要向单个属性添加缓动，应从该属性的 无缓动 【已选的缓动】菜单中选择缓动。
- 若要向整个类别的属性添加缓动，应从该属性类别的【已选的缓动】菜单中选择缓动类型。
- 若要启用或禁用属性或属性类别的缓动效果，应单击该属性或属性类别的☑【启用/禁用缓动】复选框，这样，就可以快速查看属性曲线上的缓动效果。
- 若要从可用补间列表中删除缓动，应单击动画编辑器的"缓动"部分中的➡【删除缓动】按钮，然后从弹出菜单中选择该缓动。

6.2 范例解析

补间动画是Flash动画中最为基础的动画方法，掌握使用方法比较简单，但真正用好，还需要一些技巧。

6.2.1 图片叠化

创建如图6-14所示的效果，先显示白马图片，然后逐渐消失，同时黑马图片逐渐显示出来，实现叠化效果。实现这一效果，主要利用元件实例在补间动画中可以调整颜色属性的特点。

图6-14 图片叠化效果

【操作提示】

1. 新建一个Flash文档，并保存为"叠化.fla"文件。

2. 选择【文件】/【导入】/【导入到库】命令，导入配套资源文件"白马.jpg"和"黑马.jpg"。

3. 选择【插入】/【新建元件】命令，打开【创建新元件】对话框，在【名称】栏中输入"叠化"，选择【影片剪辑】选项，单击 确定 按钮，进入"叠化"元件的编辑界面。

4. 从【库】面板中将"白马.jpg"拖到舞台中央，选择【修改】/【转换为元件】命令，打开【转换为元件】对话框，在【名称】栏中输入"图片"，选择【影片剪辑】选项，单击 确定 按钮。

5. 在【时间轴】面板中，选择第12帧，按<F6>键插入关键帧。选择第50帧，按<F5>键插入帧，如图6-15所示。

图6-15 插入帧

6. 选择第12帧，单击右键选择【创建补间动画】菜单命令，如图6-16所示。

图6-16 设置透明度

7. 移动播放头到第36帧，选择舞台上的"图片"元件实例，在【属性】面板中的【色彩效果】下拉菜单中选择【Alpha】，数值设为"0%"，使"图片"元件实例完全消失，如图6-17所示。

图6-17 补间动画效果

8. 单击 场景1 按钮，返回到场景1。从【库】面板中将"黑马.jpg"拖到舞台中央。

9. 使舞台上的"黑马.jpg"处于被选择状态，选择【窗口】/【对齐】命令，打开【对齐】面板，执行如图6-18所示操作，使"黑马.jpg"相对于舞台中心校准对齐。

图6-18 校准对齐

10. 从【库】面板中将"叠化"元件拖到舞台中，同样利用【对齐】面板使其相对于舞台中心校准对齐，也就是与舞台上的"黑马.jpg"完全对齐覆盖。

11. 使用【控制】/【测试影片】命令测试动画，会发现实现了图片叠化效果。此例可参见配套资源文件"叠化.fla"。

6.2.2 青瓷变形

创建如图6-19所示的效果，青花瓷瓶形

状和颜色逐渐演变。实现这一效果，主要利用补间形状动画对矢量图形进行变形控制。

图6-19 青瓷变形

【操作提示】

1. 新建一个Flash文档，并保存为"青瓷变形.fla"文件。

2. 选择 ＼ 工具，设置颜色和线宽，然后在舞台上绘制瓷瓶左半部轮廓。

 绘制过程中，要随时调整 ⋒ 选项的启闭，以便准确绘制。

3. 选择 ▶ 工具，调整瓷瓶边线弧度。选择线条，按<Alt>键拖动复制出一个新的线条。

4. 选择【修改】/【变形】/【水平翻转】命令，使新复制的线条水平翻转，如图6-20所示。

图6-20 绘制线条

5. 在【颜色】面板，选择【位图填充】选项，选择 导入... 按钮，导入配套资源文件"青花.jpg"。

6. 选择 ⬧ 工具填充瓷瓶图形。选择 ⬒ 工具调整位图大小和位置，如图6-21所示。

图6-21 填充位图

7. 选择第25帧，按<F6>键插入关键帧。选择第40帧，按<F5>键延续帧。

8. 选择第25帧中的图形，选择 ▶ 工具，调整瓷瓶形态，拉长瓶颈比例，如图6-22所示。

图6-22 调整瓷瓶形态

9. 选择第1帧，单击右键选择【创建补间形状】菜单命令，如图6-23所示。

图6-23 补间形状动画

10. 拖动播放头到第1帧。选择【修改】/【形状】/【添加形状提示】命令，舞台上添加 "a"、"b"、"c"、"d" 4个红色提示点，放置提示点到瓷瓶的四角，提示点变为黄色，如图6-24所示。

图6-24 添加形状提示

11. 拖动播放头到第25帧。放置 "a"、"b"、"c"、"d" 4个红色提示点，放置提示点到瓷瓶的四角，提示点变为绿色，如图6-25所示。

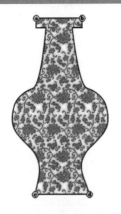

图6-25 调整结束帧提示点位置

12. 使用【控制】/【测试影片】命令测试动画，此时会看到瓷瓶的演变，同时还有颜色的变化。此例可参见配套资源中的"青瓷变形.fla"文件。

6.3 课堂实训

这一节通过两个例子的制作，讲述在补间动画的制作过程中，如何巧妙应用更多的创作手段，产生更加复杂的视觉效果。

6.3.1 果醋

创建如图6-26所示的效果，其中果醋瓶旋转飞入翻转，同时伴有颜色变化。

图6-26 果醋

利用补间动画使"果醋"字产生颜色变化，再制作标签位移、色彩、变形等补间动画。

【步骤提示】

1. 新建一个Flash文档，并保存为"果醋.fla"文件。

2. 选择【文件】/【导入】/【导入到库】命令，导入配套资源文件"瓶子.swf"，素材以图形元件形式被引入到库中。

3. 选择【插入】/【新建元件】命令，打开【创建新元件】对话框，在【名称】文本框中输入"标签组合"，选择【影片剪辑】选项，单击确定按钮，进入"标签组合"元件制作。

4. 将"瓶子.swf"图形元件拖放到当前舞台。

5. 新建"图层2"，选择 **T** 工具，输入"果醋"，【属性】面板中相关设置如图6-27所示。

图6-27 输入文字

6. 选择文字，单击鼠标右键选择【转换为元件】菜单命令，转换为"字动"影片剪辑元件。双击元件进入编辑状态。

7. 选择文字，单击鼠标右键选择【转换为元件】菜单命令，转换为"字"影片剪辑元件。

8. 选择"字动"影片剪辑元件第1帧，单击右键选择【创建补间动画】菜单命令。

9. 选择第12帧和第24帧，按<F6>键，创建关键帧，如图6-28所示。

图6-28 增加关键帧

10. 移动播放头至第1帧，选择文字。打开
【动画编辑器】面板，在【色彩效果】
选项区右侧单击 ➕ 按钮，选择【色调】
选项，如图6-29所示。

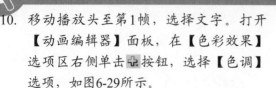

图6-29 调整文字色调

11. 设置第1帧元件【着色】色值为
"#FF0000"，设置第12帧元件【着色】
色值为 "#660000"，设置第24帧元件
【着色】色值为 "#000066"，如图6-30
所示。

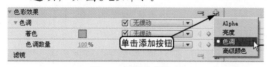

图6-30 选择不同的色彩

12. 单击 场景1 按钮，返回"场景1"。

13. 选择第60帧，按<F5>键延续帧。单击
右键选择【创建补间动画】命令，如图
6-31所示。

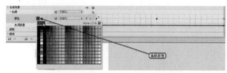

图6-31 创建补间动画

14. 移动播放头到第20帧，按<F6>键，创建
关键帧。

15. 移动播放头到第1帧，移动果醋瓶元件到
舞台的左上角如图6-32所示。

图6-32 移动果醋瓶位置

16. 打开【动画编辑器】面板，确定【转
换】选项区【缩放 X】选项右侧的
🔗 按钮处于关联状态，设置参数为
"10%"，如图6-33所示。

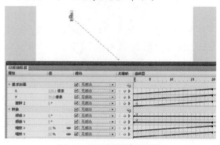

图6-33 等比例缩小元件

17. 移动播放头到第20帧，设置【基本
动画】选项区【旋转Z】选项参数为
"360"度，如图6-34所示。

图6-34 设置旋转角度

18. 选择元件，在【动画编辑器】面板，移
动播放头到第30帧，确定【转换】选项
区【缩放 X】选项右侧的 🔗 按钮处于断
开状态，设置参数为 "－100%"，如图
6-35所示。

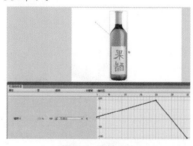

图6-35 翻转元件

19. 移动播放头到第40帧，确定【转换】选
项区【缩放 X】选项右侧的 🔗 按钮处于
断开状态，设置参数为 "100%"，如图
6-36所示。

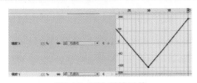

图6-36 再次翻转元件

20. 在【色彩效果】选项区右侧单击 ➕ 按钮，选择【高级颜色】选项。移动播放头到第60帧，设置【红色偏移量】参数为"255%"。

21. 移动播放头到第40帧，设置【红色偏移量】参数为"0%"，如图6-37所示。

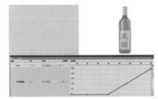

图6-37 设置红色偏移量

22. 测试动画效果。此例参见配套资源中的"果醋.fla"文件。

这个动画效果中，在第1～20帧之间制作标签位移和形变动画，在第20～40帧之间制作标签翻转的动画，在第40～60帧之间制作色调偏移的动画。在动画制作过程中，要学习【动画编辑器】的使用技巧，提高动画制作的效能。

6.3.2 燃烧的红烛

创建如图6-38所示的效果，燃烧的红烛火苗晃动逐渐缩小。补间形状有时并不一定按我们的预想进行变化，图形会乱成一团，这时候就需要使用形状提示人为加以控制，强制变形过程。这个例子就采用了形状提示。

图6-38 燃烧的红烛

【步骤提示】

1. 新建一个Flash文档，并保存为"红烛.fla"文件。

2. 画一个矩形作为蜡烛的基本图形，然后删除上端封口，使用 ✏️ 工具画不规则曲线封口，如图6-39所示。

3. 在【颜色】面板设置由红色到黄色的渐变颜色，如图6-40所示。

图6-39 画不规则曲线   图6-40 设置渐变色

4. 利用【椭圆】工具在舞台上绘制一个作为火苗的椭圆，然后调整其填充色的方向和大小，形成下红上黄的效果，如图6-41所示。

5. 在火苗的下方画出芯线，如图6-42所示。

图6-41 调整填充色   图6-42 画出芯线

6. 将蜡烛图形填充红色，然后将轮廓线删除，蜡烛制作完毕，如图6-43所示。

7. 在【时间轴】面板中，选择第18帧，按<F6>键插入一个关键帧。

8. 框选出蜡烛的上半部分，按<↓>键下移，形成蜡烛燃烧变短效果，如图6-44所示。

图6-43 蜡烛图形   图6-44 缩短蜡烛

9. 选择 工具调整蜡烛的上端，如图6-45所示。选择 工具，将火苗向右稍微旋转。

10. 选择第1帧，设置补间形状动画。拖动播放头观察动画效果，如图6-46所示。可以看出变形效果不理想。

图6-45 修改蜡烛

图6-46 动画效果

11. 拖动播放头到第1帧。选择【修改】/【形状】/【添加形状提示】命令，舞台上出现一个红色提示点"a"，如图6-47所示。

12. 将红色提示点调整到蜡烛的左下角，如图6-48所示。

图6-47 蜡烛图形

图6-48 缩短蜡烛

13. 拖动播放头到第18帧，同样会看到舞台上出现一个红色提示点"a"，将这个红色提示点调整到蜡烛的左下角，同时提示点由红色变成绿色，如图6-49所示。

图6-49 修改蜡烛

14. 拖动播放头，就会看到比较流畅的蜡烛燃烧的变形过程。此例参见配套资源文件"红烛.fla"。

在这个实例中，只添加了一个形状提示就取得了很好的效果。但在许多情况下，即使添加形状提示，补间形状动画也无法产生预想的效果。因此在实际工作中，要慎重使用补间形状动画，一旦发现效果不理想，应该马上采用其他方法，避免在这方面浪费时间。

6.4 综合案例——彩色气球

创建如图6-50所示的效果，彩色气球从屏幕下方不断飞出。此例主要利用补间动画便捷的路径动画制作方法，再结合【动画编辑器】的丰富参数灵活设置应用，使路径补间动画的制作更加快捷便利。

图6-50 彩色气球

【步骤提示】

1. 新建一个Flash文档，并保存为"彩色气球.fla"文件。

2. 新建影片剪辑元件"元件1"，绘制红色气球，如图6-51所示。

图6-51 绘制气球

3. 在主场景创建4个图层，从【库】面板分别拖曳4个气球元件到舞台，延续所有图层到100帧，如图6-52所示。

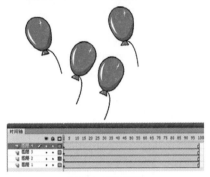

图6-52　摆放气球

4. 添加【调整颜色】滤镜，分别调整3个红气球为紫色、绿色和粉红色，如图6-53所示。

图6-53　调整颜色

5. 为4个图层创建【补间动画】，在34帧和100帧创建关键帧，向上移动4个气球位置，制作气球飘动的动画，如图6-54所示。

图6-54　气球运动路径

6. 利用移动工具，调整运动路径弧度，如图6-55所示。

图6-55　调整运动路径弧度

7. 勾选【调整到路径】选项，使气球跟随曲线路径运动，如图6-56所示。

图6-56　调整到路径

8. 选择【文件】/【保存】命令。此例参见配套资源中的"彩色气球.fla"文件。

6.5　课后作业

1. 打开配套资源文件"乐符.fla"，利用补间动画实现其由小到大，从无到有的旋转变化，如图6-57所示。此例可参见配套资源中的"乐符旋转.fla"文件。

图6-57　旋转飞出的乐符

2. 利用补间形状，通过添加形状提示实现"大"字向"天"字的变形，如图6-58所示。此例可参见配套资源中的"演变字.fla"文件。

图6-58　文字变形

3. 打开配套资源中的"气球（失败）.fla"文件，可以看到补间动画失败，据此进行修改，完成补间动画制作。此例可参见配套资源中的"气球.fla"文件。

第7讲
特殊动画

特殊动画，主要包括逐帧动画、滤镜动画、【Deco】工具自动生成动画、动画预设自动生成动画等。Flash CS5为了提高动画制作效率、增强动画效果，添加了很多常用动画样式，并可以自动生成动画效果，初学者可以在很短的时间内实现不错的动画效果制作。

【本讲课时】

本讲课时为4小时。

【教学目标】

● 掌握帧的编辑修改方法。

● 掌握【动画预设】面板使用方法。

● 掌握利用【影片浏览器】面板辅助动画制作。

● 掌握滤镜动画制作的一般方法。

7.1 功能讲解

Flash CS5为动画制作提供了许多有效的命令和工具,利用它们可以提高动画制作效率,提高动画制作水平。

7.1.1 【Deco】工具动画

借助【Deco】工具 ✍ ,可以将过程绘图记录下来,形成动态效果,如图7-1所示。有些选项可以将静态的元件直接制作出动态效果,如【藤蔓式填充】、【火焰动画】、【闪电刷子】、【粒子刷子】、【烟刷子】等。有些可以将动态的元件组合出更加复杂、巧妙的动画效果,只要能自定义元件选项的都可以组合动画元件效果。

图7-1 【Deco】工具

【Deco】工具制作过程和逐帧动画类型相似,软件将绘制过程记录成单独的帧,多帧组合在一起共同组成最终的动画效果。

7.1.2 动画预设

动画预设是预配置的补间动画,可以将它们应用于舞台上的对象。用户只需选择对象并单击【动画预设】面板中的 应用 按钮,如图7-2所示。

图7-2 【动画预设】面板

使用动画预设是学习在Flash中添加动画的基础知识的快捷方法。使用预设可极大在节约项目设计和开发的生产时间,特别是在用户经常使用相似类型的补间时;也可以创建并保存用户自己的自定义预设。

在舞台上选中了可补间的对象(元件实例或文本字段)后,可单击 应用 按钮来应用预设。每个对象只能应用1个预设。如果将第2个预设应用于相同的对象,则第2个预设将替换第1个预设。

一旦将预设应用于舞台上的对象后,在【时间轴】中创建的补间就不再与【动画预设】面板有任何关系了。在【动画预设】面板中删除或重命名某个预设,对以前使用该预设创建的所有补间没有任何影响。如果在面板中的现有预设上保存新预设,对使用原始预设创建的任何补间没有影响。

每个动画预设都包含特定数量的帧。在应用预设时,在【时间轴】中创建的补间范围将包含此数量的帧。如果目标对象已应用了不同长度的补间,补间范围将进行调整,以符合动画预设的长度。可在应用预设后调整【时间轴】中补间范围的长度。

包含3D动画的动画预设只能应用于影片剪辑实例。已补间的3D属性不适用于图形或按钮元件,也不适用于文本字段。可以将2D或3D动画预设应用于任何2D或3D影片剪辑。

7.1.3 帧的编辑修改

在上一讲的动画制作中,已经涉及了帧的编辑修改工作,比如插入关键帧等。下面对帧的编辑修改进行系统的介绍。

在【时间轴】面板中,可以插入、选择、移动、删除、剪切、复制和粘贴帧,还可以将其他帧转化成关键帧,对于多层动画,还可以在不同的层中移动帧。

(1) 帧的插入,常用方法如下。

- 用鼠标左键单击帧,然后选择【插入】/【时间轴】/【帧】命令、【插

入】/【时间轴】/【关键帧】命令或
【插入】/【时间轴】/【空白关键
帧】命令，就可以插入不同类型的
帧。快捷方式：按<F5>键插入帧，
按<F6>键插入关键帧，按<F7>键插
入空白关键帧。

- 用鼠标右键单击所要选的帧，在弹出
的菜单中选择相应的插入命令。

(2) 帧被选择后，呈深色显示，常用如
下选择方法。

- 用鼠标左键单击所要选的帧。

- 按<Ctrl>+<Alt>组合键的同时用鼠标
左键分别单击所要选的帧，可以选择
多个不连续的帧。

- 按<Shift>键的同时用鼠标左键分别
单击所要选的两帧，则两帧之间的所
有帧均被选择。

- 用鼠标左键单击所要选的帧，并继续
拖动，则第1帧与最后一帧间的所有
帧均被选择。

- 使用【编辑】/【时间轴】/【选择所
有帧】命令，选择【时间轴】面板中
的所有帧。

(3) 帧的移动，常用如下方法。

- 用鼠标左键单击所选的帧，然后拖动
到新位置。如果拖动时按<Alt>键，
会在新位置复制出所选的帧。

- 选择一帧或多个帧，选择【编辑】
/【时间轴】/【剪切帧】命令剪切所
选帧，然后用鼠标左键单击所要放置
的位置，选择【编辑】/【时间轴】
/【粘贴帧】命令粘贴出所选的帧。

(4) 帧的修改，常用方法如下。

- 选择一帧或多个帧，使用【修改】
/【时间轴】下的子菜单命令，将所
选帧转换为关键帧、空白关键帧或者
删除关键帧。

- 当选择多个连续的帧以后，【修改】
/【时间轴】下的【翻转帧】命令会

有效，利用这个命令可以翻转所选帧
的出现顺序，也就是实现动画的反向
播放。

与插入帧类似，将其他帧转化成关键
帧、清除帧等，都可以使用【插入】菜单命
令和单击鼠标右键打开快捷菜单命令。剪
切、复制和粘贴帧，可以使用【编辑】/【时
间轴】菜单下的命令和单击鼠标右键打开快
捷菜单命令。另外，【编辑】/【时间轴】菜
单下有复制动画命令，由此可以将动画效果
通过粘贴的方式，有选择地赋予其他动画对
象，极大简化了工作步骤。

7.1.4 【影片浏览器】面板

【影片浏览器】面板，是一个方便用户
进行动画分析、管理和修改的有效根据，可
以通过选择【窗口】/【影片浏览器】命令打
开，如图7-3所示。从该面板中能够方便地看
出动画的流程与结构，快速地选择所要查找
的对象。同时，这种方法也是分析作品是否
合理的有效方法。

图7-3 【影片浏览器】面板

单击【影片浏览器】面板右侧的▼≣按
钮，会弹出一个下拉菜单，其中主要包含一
些方便寻找对象、跳转等菜单命令。

7.1.5 应用滤镜

与Photoshop软件类似，Flash中的滤镜
也可用于制作丰富的视觉效果。但其滤镜的
应用对象有一定限制，只能是文本、按钮和
影片剪辑，而图形元件等对象则不能应用滤
镜。由于滤镜的参数可以调整，所以使用补
间动画能够让滤镜产生变化，这就是滤镜动

画。例如，创建一个具有投影的球（即球体），在时间轴中让起始帧和结束帧的投影位置产生变化，模拟出光源从对象一侧移到另一侧的效果，就可以使用滤镜。

在制作滤镜动画时，为了保证滤镜的变化能够正确补间，Flash CS5规定了如下原则。

- 如果将补间动画应用于已使用了滤镜的影片剪辑，则在补间的另一端插入关键帧时，该影片剪辑在补间的最后一帧上自动继承它在补间开头所具有的滤镜，并且层叠顺序相同。
- 如果将影片剪辑放在两个不同帧上，并且对于每个影片剪辑都应用了不同的滤镜，且两帧之间又应用了补间动画，则Flash首先处理所带滤镜最多的影片剪辑，然后比较分别应用于第1个影片剪辑和第2个影片剪辑的滤镜，如果在第2个影片剪辑中找不到匹配的滤镜，Flash会生成一个不带参数并具有现有颜色的滤镜。
- 如果两个关键帧之间存在补间动画，将滤镜添加到关键帧中的对象上时，Flash会在补间另一端的关键帧上自动将相同滤镜添加到影片剪辑中。
- 如果从关键帧中的对象上删除滤镜，Flash会在补间另一端的关键帧中自动从影片剪辑中删除匹配的滤镜。
- 如果补间动画起始和结束的滤镜参数设置不一致，Flash会将起始帧的滤镜设置应用于补间。但像挖空、内侧阴影、内侧发光以及渐变发光的类型和渐变斜角的类型，都不会产生补间动画。例如，如果使用投影滤镜创建补间动画，在补间的第1帧上应用挖空投影，而在补间的最后一帧上应用内侧阴影，则Flash会更正补间动画中滤镜使用的不一致现象。在这种情况下，Flash会应用补间第1帧所用的

滤镜设置，即挖空投影。

7.2 范例解析

这一节通过制作几个实例对前一节相关内容进行梳理，进一步突出重点，打牢基础。

7.2.1 蝴蝶谷

制作一群蝴蝶从花丛中心不断飞出，效果如图7-4所示。

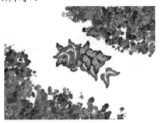

图7-4 蝴蝶谷

本例利用【Deco】工具特性，合理选择图形元件，自然组合成符合主题的动画效果。在理解默认动画效果的基础上，尝试设置不同的参数，形成更具个性的动画效果，具体操作如下。

1. 新建一个Flash文档，并以文件名"蝴蝶谷.fla"保存。
2. 选择【Deco】工具，在【属性】面板选择【绘制效果】下拉菜单中的"花刷子"选项。
3. 选择【高级选项】下拉菜单中的"园林花"选项，其他参数保持默认设置，如图7-5所示。

图7-5 【绘制效果】下拉菜单

4. 在舞台的左下角和右上角单击鼠标，绘制花丛图形，如图7-6所示。

图7-6　绘制花丛图形

5. 新建"图层2"，选择【文件】/【导入】/【导入到舞台】命令，导入配套资源文件"黄蝴蝶.png"。

6. 拖曳"黄蝴蝶"图形到【库】面板，转换为"元件1"影片剪辑元件，如图7-7所示。

图7-7　转换元件

7. 选择【文件】/【导入】/【导入到舞台】命令，导入配套资源文件"蓝蝴蝶.png"。

8. 拖曳"蓝蝴蝶"图形到【库】面板，转换为"元件2"影片剪辑元件，如图7-8所示。

图7-8　转换元件

9. 选择并删除舞台中的2个蝴蝶影片剪辑元件。

10. 选择【Deco】✐工具，选择【绘制效果】下拉菜单中的"粒子系统"选项。

11. 单击【粒子1】选项右侧的 编辑… 按钮，弹出【选择元件】窗口，选择"元件1"，单击 确定 按钮退出。

12. 单击【粒子2】选项右侧的 编辑… 按钮，弹出【选择元件】窗口，选择"元件2"，如图7-9所示，单击 确定 按钮退出。

图7-9　选择元件

13. 调整✐工具【高级选项】的参数，设置【总长度】为"60"帧，【粒子生成】为"60"帧，【初始速度】为"10"像素，【最大初始方向】为"90"度，【重力】为"1"像素，如图7-10所示。

图7-10　调整【高级选项】

14. 在舞台中单击鼠标，在"图层2"中自动生成的逐帧动画，如图7-11所示。

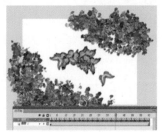

图7-11　逐帧动画

15. 选择【控制】/【测试影片】命令测试动画，会看到一群蝴蝶在花丛中纷飞的效果。此例可参见配套资源中的"蝴蝶谷.fla"文件。

通过本实例的制作，掌握了用【Deco】✐工具快速实现动画效果的方法，但是每个关键帧处都包含图片，会增大最终所发布文件的容量，影响作品浏览的速度。

7.2.2　足球之夜

创建如图7-12所示的效果，足球元件以两种动态运动形式构成主题效果，随后推出文字标题运动效果。

图7-12 足球之夜

动画预设是预配置的补间动画，可以将它们应用于舞台上的对象。用户只需选择对象并单击【动画预设】面板中的动画预设选项，单击 应用 按钮应用，具体操作如下。

1. 新建一个Flash文档，并以文件名"足球之夜.fla"保存。
2. 选择【文件】/【导入】/【导入到舞台】命令，导入配套资源文件"桌面背景.jpg"。
3. 新建"图层2"，导入配套资源文件"足球.png"，如图7-13所示。
4. 选择【窗口】/【动画预设】命令，打开【动画预设】面板。
5. 选择"足球"对象，在【动画预设】面板中选择【默认预设】文件夹中的"脉搏"选项，单击 应用 按钮确定。弹出【将所选的内容转化成元件以进行补间】面板，单击 确定 按钮继续制作，如图7-14所示。

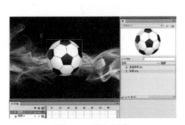

图7-13 导入图像

图7-14 应用预设

6. 在【时间轴】面板中，自动为"足球"对象制作补间动画，并放置在"图层2"中。
7. 新建"图层3"，选择第24帧，按<F6>键创建关键帧。
8. 从【库】面板，选择并拖曳"足球.png"对象到舞台。
9. 选择对象，在【动画预设】面板中选择【默认预设】文件夹中的"快速移动"选项，单击 应用 按钮确定。弹出【将所选的内容转化成元件以进行补间】面板，单击 确定 按钮继续制作，如图7-15所示。

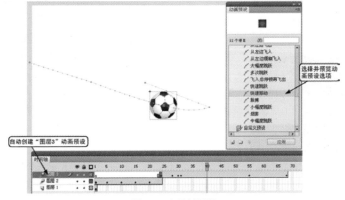

图7-15 应用新预设

10. 新建"图层4"，选择第68帧，按<F6>键创建关键帧。

11. 选择 **T** 工具，输入黑体黄色文字"足球之夜"，如图7-16所示。选择文字，按<Ctrl>+<B>组合键2次打散文字。

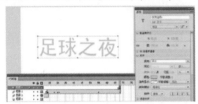

图7-16 输入文字

12. 选择 工具，为文字填充黑色边线，如图7-17所示。

足球之夜

图7-17 填充边线

13. 选择对象，在【动画预设】面板中选择【默认预设】文件夹中的"从顶部模糊飞入"选项，单击 应用 按钮确定。弹出【将所选的内容转化成元件以进行补间】面板，单击 确定 按钮继续制作，如图7-18所示。

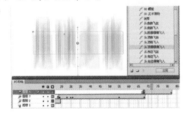

图7-18 应用新预设

14. 移动文字动画路径的位置，使其处于画面中心位置，如图7-19所示。

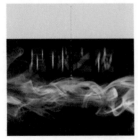

图7-19 移动路径位置

15. 分别选择"图层1"和"图层4"第100帧，按<F5>键延续帧，如图7-20所示。

图7-20 延续帧长度

16. 查看【库】面板中的元件，如图7-21所示。

图7-21 元件库

17. 选择【控制】/【测试影片】命令测试动画，会看到足球之夜动画效果。此例可参见配套资源中的"足球之夜.fla"文件。

通过本实例的制作，可以了解到使用动画预设是学习在Flash中添加动画的基础知识的快捷方法。一旦了解了预设的工作方式后，读者自己制作动画就非常容易了。读者可以创建并保存自己的自定义预设，这可以来自已修改的现有动画预设，也可以来自读者自己创建的自定义补间。

7.2.3 爱情纪念

创建如图7-22所示的效果，戒指元件在快速水平振荡中产生虚实变化。虚实变化利用滤镜来实现，其中再结合自定义缓入/缓出设置产生水平振荡。

图7-22 爱情纪念

【操作提示】

1. 新建一个"550×550"像素的Flash文档，并保存为"爱情纪念.fla"文件。

2. 选择【文件】/【导入】/【导入到舞台】命令，导入配套资源中的"心型背景.jpg"文件。

3. 新建"图层2"，选择【文件】/【导入】/【导入到舞台】命令，导入配套资源中的"戒指.png"文件，将其放在舞台中央，并转换为"动感"影片剪辑元件。

4. 进入"动感"元件，并转换为"戒指"影片剪辑元件。

5. 在【时间轴】面板中，选择第13帧按<F6>键插入关键帧，单击鼠标右键选择【创建补间动画】菜单命令。

6. 选择第13帧中舞台上的"戒指"元件实例。在【属性】面板单击 ▽ 滤镜 选项卡，展开【滤镜】面板。单击 □ 按钮，选择【模糊】菜单命令，将【模糊X】设置为"220"，【模糊Y】设置为"0"，【品质】选项设为"高"，如图7-23所示。

图7-23 应用【模糊】滤镜

7. 选择第20帧按<F6>键插入关键帧，选择当前帧中的"戒指"元件实例，按<→>键3次，调整其位置。在【滤镜】面板中，仅将【模糊X】和【模糊Y】修改为"0"，如图7-24所示。

图7-24 调整参数

8. 在【时间轴】面板中选择第13帧。在【动画编辑器】面板中单击 ▽ 缓动 选项

卡，单击 ⊞ 按钮，从打开的菜单中选择【弹簧】命令，如图7-25所示。

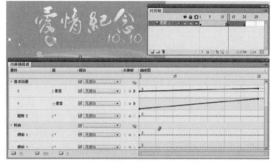

图7-25 设置【自定义缓入/缓出】

9. 在【时间轴】面板中增加一个"图层3"，输入紫色楷体文字"美满婚姻"，大小为"30"。

10. 选择 工具，调整文字倾斜，如图7-26所示。

图7-26 调整文字倾斜

11. 将文字"美满婚姻"进一步复制调整，形成最终的3行文字效果。

12. 使用【控制】/【测试影片】命令测试动画。此例可参见配套资源中的"爱情纪念.fla"文件。

7.3 课堂实训

这一节通过两个例子的制作，讲述补间动画制作中如何应用多种创作手段，产生更加复杂的效果。

7.3.1 卡通狗

创建如图7-27所示的效果，卡通狗眨着漂亮的大眼睛，向你诉说着心语。

图7-27 卡通狗

逐帧动画经常被用来制作循环动画，比如人的走动等。这个实例就利用逐帧动画实现了卡通眼睛和嘴的循环动作。

【步骤提示】

1. 新建一个Flash文档，并保存为"卡通狗.fla"文件。

2. 选择【导入】/【打开外部库】命令，将配套资源中的"小狗.fla"文件在当前【库】面板打开，将3个元件全选后复制到新建文档的【库】中，如图7-28所示。

图7-28 导入元件

3. 在"卡通狗.fla"的【库】面板中双击"眼睛"元件，进入其编辑修改界面。

4. 选择第14帧插入关键帧，选择第1帧的眼睛，利用 工具修改图形，如图7-29所示。

图7-29 修改眼睛

5. 选择第12帧插入关键帧，利用 工具修改图形，如图7-30所示。

图7-30 调整眼睛形状1

6. 选择第13帧插入关键帧，利用 工具修改图形，如图7-31所示。

图7-31 调整眼睛形状2

7. 选择第13帧，按住<Alt>键向右拖动，在第15帧复制出新帧。

8. 选择第12帧，按住<Alt>键向右拖动，在第16帧复制出新帧，如图7-32所示。

图7-32 复制出新帧

9. 在【库】面板中双击"嘴巴"元件，进入其编辑修改界面。

10. 选择第2帧插入关键帧，利用【变形】面板在垂直方向将嘴部压缩60.0%。

11. 选择第3帧插入关键帧，在垂直方向再将嘴部压缩60.0%。

12. 选择第4帧插入关键帧，调整嘴的形状，删除其中的粉红色部分。

13. 在【时间轴】面板中选择第3帧，按住<Alt>键向右拖动，在第5帧放置新复制出的帧。

14. 将第2帧复制到第6帧，比较1～6帧的嘴型，如图7-33所示。

图7-33 调整嘴的形状

15. 单击【时间轴】面板下方的⇦按钮，返回到场景1。

16. 从【库】面板中，将3个元件拖入舞台，构成卡通狗的形象。

17. 选择【控制】/【测试影片】命令测试动画，就会看到小狗开口说话的形象。此例可参见配套资源中的"卡通狗.fla"文件。

7.3.2 回归自然

创建如图7-34所示效果，辉光从中心位置放射状飞出，文字辉光像霓虹灯闪动。

图7-34 回归自然

利用混合模式叠加图层效果，可以有效地融合图形效果，使动画效果更加融入背景图像的气氛中，文字滤镜的色彩变化可以在【动画编辑器】中灵活方便地调整。

【步骤提示】

1. 新建一个Flash文档，并保存为"回归自然.fla"文件。

2. 选择【文件】/【导入】/【导入到舞台】命令，导入配套资源文件"自然.jpg"。

3. 新建"图层2"，导入文件"辉光.png"。选择"辉光"对象，单击鼠标右键，在弹出的快捷菜单中选择【转换为元件】命令，创建"辉光闪"影片剪辑元件，如图7-35所示。

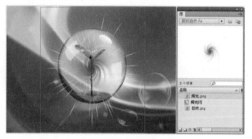

图7-35 创建元件

4. 在舞台上双击元件进入编辑状态。选择第1帧，单击鼠标右键选择【创建补间动画】菜单命令，准备创建补间动画，如图7-36所示。

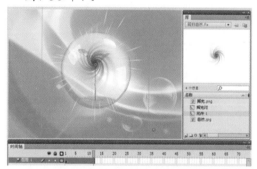

图7-36 编辑元件

5. 移动播放头到12帧，选择图形，按住<Shift>键，等比例放大图形。

6. 单击⇦按钮，返回"场景1"。

7. 选择元件，在【属性】面板的【混合】下拉列表中选择【叠加】混合模式，混合图形显示效果，如图7-37所示。

图7-37 设置混合模式

8. 为元件实例应用【模糊】滤镜，将【模糊X】、【模糊Y】设置为"3"，【品质】选项设置为"高"，如图7-38所示，辉光的融合效果更加细腻柔和。

图7-38 添加滤镜

9. 新建"图层3"，选择 **T** 工具，输入"回归自然"黑体浅蓝色文字，选择文字对象，单击鼠标右键选择【转换为元件】菜单命令，创建"文字"影片剪辑元件，如图7-39所示。

图7-39 转换为元件

10. 在舞台上，双击元件进入编辑状态。

11. 为元件实例应用【发光】滤镜，将【模糊X】、【模糊Y】设置为"20"，【强度】设置为"200%"，【颜色】设置为绿色，如图7-40所示。

图7-40 调整发光色彩

12. 选择第1帧，单击鼠标右键，在弹出的快捷菜单中选择【创建补间动画】命令。

13. 在【动画编辑器】面板中移动播放头至第6帧，【发光】滤镜的【颜色】设置为黄色，如图7-41所示。

14. 移动播放头至第12帧，【发光】滤镜的【颜色】设置为绿色，如图7-42所示。

15. 单击 ⬅ 按钮，返回"场景1"。测试影片，会看到文字循环闪光。此例可参见配套资源中的"回归自然.fla"文件。

图7-41 改变辉光色彩

图7-42 再次改变辉光色彩

7.4 综合案例——圣诞贺卡

创建如图7-43所示的效果，圣诞树上星光闪烁，圣诞老人带着圣洁的光芒移入画面，"圣诞快乐"几个字从天而降进入画面。星光闪烁主要利用逐帧动画实现，圣诞老人发出的辉光则利用滤镜完成。

图7-43 圣诞贺卡

【步骤提示】

1. 打开配套资源文件"圣诞（素材）.fla"，修改文档的背景颜色为"黑色"，使动画持续时间延长到第45帧。

2. 创建一个影片剪辑元件"星"，将【笔触颜色】设为无，在【颜色】面板中设置渐变颜色，如图7-44所示。

3. 选择 ⬭ 工具，将【笔触颜色】设为无，设置其参数如图7-45所示。

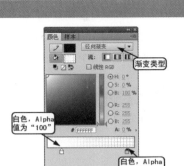

图7-44 设置渐变颜色

图7-45 调整参数

4. 按<Shift>键画出一个星形，在【属性】面板中设置其【宽】和【高】数值为"18.0"。

5. 选择第2帧插入关键帧，然后调整星形位置并适当旋转，直到第7帧。每一帧中星形的位置和角度都有变化，但最终要使星形的运动能够循环进行，如图7-46所示。

6. 返回场景1中，增加"图层2"，从【库】面板中将"圣诞老人.png"拖到舞台，然后转换成影片并命名为"老人"的剪辑元件，应用【发光】滤镜，如图7-47所示。

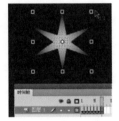

图7-46 调整位置和角度

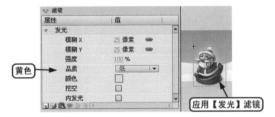

图7-47 应用【发光】滤镜

7. 增加"图层3"，从【库】面板中将"星"元件拖到舞台，与圣诞树重合。

8. 增加"图层4"，选择第10帧插入关键帧，输入文字"圣诞快乐"，然后在第10~20帧制作动画，使文字从舞台外的上方下落到舞台。

9. 测试动画，就会看到精美的圣诞贺卡。此例可参见配套资源中的"圣诞贺卡.fla"文件。

7.5 课后作业

1. 如图7-48所示，使"超人气网站"文字产生闪烁的效果，其中斑马线边框在闪烁过程中还有颜色变化。此例可参见配套资源中的"网站.fla"文件。

图7-48 "超人气网站"效果

2. 如图7-49所示，使"梦开始的地方"文字产生水平虚化的效果，然后替换文字，文字由虚变实后成为"高新区欢迎您"。此例可参见配套资源中的"梦.fla"文件。

图7-49 "超人气网站"效果

3. 修改综合案例一节讲述的实例，通过插入帧使星光运动速度减半，利用滤镜为文字加一个内侧发光的红边，如图7-50所示。此例可参见配套资源中的"圣诞快乐（修改）.fla"文件。

图7-50 圣诞快乐

4. 打开"布娃娃.fla"文件，通过【动画预设】面板，实现"3D螺旋"动画效果，如图7-51所示。此例可参见配套资源中的"翻转布娃娃.fla"文件。

5. 打开"禁烟.fla"文件，通过【Deco】 ✐工具，实现火焰燃烧的动画效果，如图7-52所示。此例可参见配套资源中的"燃烧的香烟.fla"文件。

图7-51 翻转布娃娃　　　　　　　　　　　　图7-52 燃烧的香烟

第8讲
图层动画

这一讲介绍的图层动画制作，并不是指单纯的图层叠加，而是一些特殊的图层动画效果，是解决动画对象复杂变化的有效方法。

【本讲课时】

本讲课时为4小时。

【教学目标】

- 掌握传统运动引导层动画制作。
- 理解遮罩层动画的含义。
- 掌握遮罩层动画制作。
- 理解应用场景的意义。

8.1 功能讲解

引导层和遮罩层是Flash为实现特定动画效果创设的特殊图层，这类图层的图标样式和传统图层有明显区别，相同的图形在特殊图层中赋予不同的特性。比如一条直线在常规图层就是可视的图形，可以改变色彩、粗细等属性，但转换为引导层就变成不可见的路径，下面就两种图层及动画应用进行阐述。

8.1.1 传统运动引导层动画

在Flash CS5中新补间动画已经具备引导层动画的特征，但是仍然保留传统运动引导层动画的功能。在【时间轴】面板中，在层名前有标志的就是运动引导层。运动引导层，可以起到设置运动路径的导向作用，使与之相链接的被引导层中的对象沿此路径运动。设置运动引导层和被引导层，可以采用下面的方法。

- 用鼠标右键单击图层名，在打开的快捷菜单中选择【添加传统运动引导层】命令，在当前图层上增加一个运动引导层，当前图层变成被引导层。
- 用鼠标右键单击图层名，在打开的快捷菜单中选择【引导层】命令，当前图层变成引导层。将引导层下方的图层，稍向右上拖动，此图层将会变成被引导层，被引导层图标向右缩进。引导层也将改变为运动引导层。
- 选择某个图层，选择【修改】/【时间轴】/【图层属性】命令，打开【图层属性】面板，选择【引导层】。
- 选择被引导层，单击按钮会在其上增加一个被引导层。

运动引导层动画实际上是传统补间动画的特例。它是在传统补间动画的基础上，又添加了运动轨迹的控制。绘制的矢量图形，如果不重组或者转换成元件，同样也无法用于运动引导层动画。

8.1.2 遮罩层动画

在Flash CS5中，遮罩层前面用图标表示，与之相链接的被遮罩层前面用图标表示。遮罩层中有动画对象存在的地方都会产生一个孔，使与其链接的被遮罩层相应区域中的对象显示出来；而没有动画对象的地方会产生一个罩子，遮住链接层相应区域中的对象。遮罩层中动画对象的制作与一般层中基本一样，矢量色块、字符、元件以及外部导入的位图等都可以在遮罩层产生孔。对于遮罩层的理解，可以将它看作是一般层的反转，其中有对象存在的位置为透明，空白区域则为不透明。遮罩层只能对与之相链接的层起作用，这与前面所讲的运动引导层是一样的。

制作遮罩效果前，【时间轴】面板中起码要有两个图层，比如"图层1"和"图层2"。可以采用下面的方法设置遮罩层和被遮罩层。

- 用鼠标右键单击"图层2"的层名，在打开的快捷菜单中选择【遮罩层】命令，将"图层2"变成遮罩层，其下方的"图层1"自动变成被遮罩层，两个层都自动被锁定。
- 选择某个图层，选择【修改】/【时间轴】/【图层属性】命令，打开【图层属性】对话框，点选【遮罩层】或【被遮罩层】选项。
- 选择被遮罩层，单击按钮会在其上增加一个被遮罩层。

遮罩本身的颜色并不重要，它仅仅起到遮挡作用。如果将遮罩层和被遮罩层其中一个解除锁定，在舞台上就不会看到遮罩效果，但使用【控制】/【测试影片】命令，以及在最终发布时依然能够看到遮罩效果。

8.2 范例解析

下面通过几个范例，讲解补间动画和传统补间动画的设计方法与应用技巧。

8.2.1 飞机

制作飞机沿曲线路径飞行的动画，效果如图8-1所示。

图8-1 飞行的飞机

【操作提示】

1. 新建一个Flash文档，将配套资源文件"天空.jpg"导入到舞台。
2. 新建"图层2"，将配套资源文件"飞机.png"导入到舞台。
3. 在【时间轴】面板图层选择区，选择"图层2"，单击鼠标右键选择【添加传统运动引导层】菜单命令，增加运动引导层，而"图层2"自动变成了被引导层，如图8-2所示。

图8-2 增加运动引导层

4. 保持运动引导层被选择状态，选择 工具，在舞台上画出一条路径曲线，如图8-3所示。

图8-3 画路径曲线

5. 锁定运动引导层，拖动舞台上的"飞机"元件，使其中心点吸附到曲线路径的左端点，如图8-4所示。工具栏中的 按钮必须被激活，这样有利于吸附调整。

图8-4 调整元件位置

6. 在运动引导层的第30帧，插入帧。
7. 选择"图层2"第1帧，单击右键选择【创建传统补间】命令。选择第30帧，插入关键帧。
8. 拖动"图层2"第30帧中的"飞机"元件，使注册点（中心点）吸附到曲线路径的右端点，缩小飞机比例并调整旋转方向使之与路径方向一致，如图8-5所示。

图8-5 旋转元件

9. 在【属性】面板中，设置相关参数，如图8-6所示。

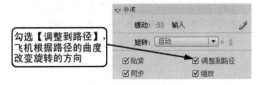

勾选【调整到路径】，飞机根据路径的曲度改变旋转的方向

图8-6 设置补间动画

10. 鼠标右键单击"图层2"的第15帧，在打开的快捷菜单中选择【转换为关键帧】命令，使第15帧成为关键帧。在【属性】面板中，将【缓动】数值设为"50"，如图8-7所示。

数值为正产生减速运动

图8-7 变速调整

11. 选择第15帧舞台上的飞机，沿曲线路径向左拖动，调整旋转方向使之与路径方向一致，如图8-8所示。
12. 选择【控制】/【测试影片】命令，会看飞机沿着曲线路径逐渐飞出，速度由慢到快，而运动路径并没有显示。此例可参见配套资源文件"飞机.fla"。

图8-8 设置补间动画

8.2.2 电影博物馆

创建如图8-9所示的效果，棕黄色文字上有一道光线从左向右划过，形成常见的扫光文字效果。

图8-9 电影博物馆

实现这一效果，主要利用遮罩层动画与其他图层的叠加显示。

【操作提示】

1. 新建一个尺寸为"800×500"像素的 Flash文档，并保存为"电影博物馆.fla"文件。

2. 选择【文件】/【导入】/【导入到舞台】命令，导入配套资源文件"光影百年.jpg"。

3. 增加"图层2"，在舞台上方输入"经典影视回顾"，在【属性】面板中设置字体为"隶书"，字体大小为"74"，颜色为"棕黄色"。

4. 增加"图层3"，用鼠标右键单击"图层2"的第1帧，从快捷菜单中选择【复制帧】命令，然后用鼠标右键单击"图层3"的第1帧，从快捷菜单中选择【粘贴帧】命令。

5. 将"图层3"中文字颜色改为浅黄色"#FFFF00"。

6. 增加"图层4"，打开【混色器】面板，选择【填充颜色】，设置渐变颜色，如图8-10所示。

图8-10 设置渐变色

7. 在舞台上绘制一个【笔触颜色】为无色的长方形，然后调整出如图8-11所示光束图形。

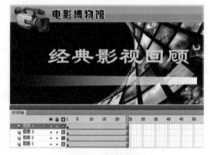

图8-11 制作光束

8. 选择舞台上的光束对象，将其转换为图形元件"遮罩"，使用▦工具调整"遮罩"元件实例的旋转中心，如图8-12所示。

图8-12 调整变形点

9. 调整光束位置，然后将其旋转，如图8-13所示。

图8-13 调整光束

10. 分别选择"图层1"、"图层2"和"图层3"的第24帧，插入帧。选择"图层

"4"的第1帧，单击鼠标右键并在弹出的快捷菜单中选择【创建补间动画】命令，准备创建补间动画。

11. 将播放头拖动到第24帧，使用 ⊞ 工具旋转"图层4"中的"遮罩"元件实例，使其位于扫过文字后的位置。

12. 用鼠标右键单击"图层4"的层名，在弹出的快捷菜单中选择【遮罩层】命令，"图层4"变成遮罩层，其下方的"图层3"自动变成被遮罩层，两个层自动被锁定，如图8-14所示。

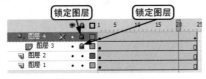

图8-14 改变层类型

13. 在【时间轴】面板中拖动播放头，会看到文字中产生了黄色的过光效果。此例可参见配套资源中的"电影博物馆.fla"文件。

8.3 课堂实训

这一节通过两个例子的制作，讲述补间动画制作中如何应用更多的创作手段，以产生更加复杂的效果。

8.3.1 大拜年

创建如图8-15所示的新年贺卡效果，不同文字不断飘下，明快的色彩、飘动的字符给人以靓丽清新的感觉。

图8-15 大拜年

一个运动引导层可以链接多个被引导

层，这样就可以实现多个动画对象沿同一条路径运动的效果。同时，一个运动引导层中还可以有多条曲线路径，以引导多个动画对象沿不同的路径运动。这些就是本例的应用重点。

【步骤提示】

1. 新建一个尺寸为"700×400"像素的Flash文档，并保存为"大拜年.fla"文件。

2. 选择导入配套资源文件"节庆.jpg"文件，如图8-16所示。

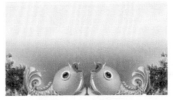

图8-16 导入背景文件

3. 增加"图层2"，导入配套资源文件"大.png"。

4. 增加"图层3"，导入配套资源文件"拜.png"。

5. 增加"图层4"，导入配套资源文件"年.png"，如图8-17所示。

图8-17 导入图像

6. 增加"图层5"，选择 ✐ 工具，在【选项】下选择 S.平滑，在舞台上画出3条路径曲线，如图8-18所示。

图8-18 绘制路径曲线

7. 确认"图层5"仍被选择，选择【修改】/【时间轴】/【图层属性】命令，打开【图层属性】面板，选择【引导层】，如图8-19所示，将"图层5"变为一个普通引导层。

图8-19 修改图层类型

8. 在【时间轴】面板中，拖曳"图层2"层到"图层5"下方，此时"图层5"由普通引导层变为运动引导层，"图层2"层变为被引导层，如图8-20所示。

图8-20 改变层类型

9. 依次拖曳"图层2"、"图层3"和"图层4"到"图层5"下方，使其变成被引导层。

10. 同时选择"图层2"层到"图层3"层的第25帧，按<F6>键同时插入3个关键帧。选择"图层1"和"图层5"的第25帧，按<F5>键。

11. 同时选择"图层2"、"图层3"和"图层4"层第1帧，单击鼠标右键在弹出的快捷菜单中选择【创建传统补间】命令。

12. 锁定"图层1"，调整各层第25帧中的文字吸附到曲线路径的下端，如图8-21所示。

图8-21 调整字符位置

13. 依次调整第1帧对应各图层中文字的位置，使字符吸附于各条路径的上端，如图8-22所示。

图8-22 调整字符位置

14. 制作运动引导层动画，使文字沿曲线路径运动并随着路径曲率变化产生旋转。

15. 同时选择所有图层的第40帧，按<F5>键插入帧，使字符下落后能够静止一段时间。

16. 选择【控制】/【测试影片】命令，可以看到文字依次飞出飘然下落。此例可参见配套资源中的"大拜年.fla"文件。

8.3.2 刷油漆

创建如图8-23所示的效果，随着滚刷的移动，在白墙上绘制出黄色的油漆。

图8-23 刷油漆

遮罩层动画存在一个问题，就是并非所有的可显示对象都可以在遮罩层中产生孔，并使被遮罩层中的对象透出来。比如，用直线工具、铅笔工具、钢笔工具和墨水瓶工具制作的矢量线条，就不能在遮罩层中产生孔。这个实例就主要讲解相应的解决办法。

【步骤提示】

1. 创建一个新Flash文档，并保存为"刷油漆.fla"文件。

2. 选择【插入】/【新建元件】菜单命令，创建"油漆"影片剪辑元件，如图8-24所示。

图8-24 新建元件

3. 选择 🔲 工具，绘制无边黄色矩形，如图8-25所示。

图8-25 绘制无边黄色矩形

4. 新建"图层 2"，选择 🖊 工具，绘制6条垂直线，设置【笔触大小】为"12"，长度和位置如图8-26所示。

图8-26 绘制垂直线

5. 选择垂直线，选择【修改】/【形状】/【将线条转换为填充】菜单命令，将舞台上矢量线转换成矢量图形，如图8-27所示。

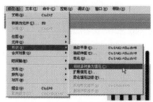

图8-27 转换成矢量图形

6. 选择"图层1"，按<F5>键延续到50帧。选择"图层2"第50帧，按<F6>键创建关键帧。

7. 选择"图层 2"，在名称区单击右键选择【遮罩层】命令，转换为遮罩层，如图8-28所示。

图8-28 转换遮罩层

8. 取消"图层 2"的图层锁定 🔒，选择第1帧中的垂直线，选择 🖊 工具，缩短图形高度。

9. 选择第1帧，单击右键，选择【创建补间形状】命令，如图8-29所示。

图8-29 创建动画

10. 新建"图层 3"，导入配套资源文件"油漆刷.png"。

11. 选择"图层 3"第1帧，单击右键，选择【创建补间动画】命令，调整图像位置如图8-30所示。

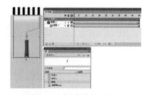

图8-30 创建补间动画

12. 移动播放头到50帧位置，移动"油漆刷"图形元件到底部，如图8-31所示。

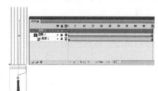

图8-31 创建遮罩效果

13. 单击 ■■ 场景1 按钮，返回当前场景，从
    【库】面板，拖放"油漆"元件到当前
    场景。

14. 选择【控制】/【测试影片】命令。此例
    可参见配套资源中的"刷油漆.fla"文
    件。

在这个实例中，选择【修改】/【形
状】/【将线条转换为填充】命令将舞台上的
矢量线转换成矢量图形，这是能否实现遮罩
效果的关键。转换后，虽然从表面看不出任
何变化，但对象的性质已经发生了转变。

8.4 综合案例——传统精美折扇

创建如图8-32所示的效果，要求能够准
确的表达传统文化韵味，动画效果简洁生
动。通过这个实例，使大家学习特定命题作
品的构思方法和表现技巧。

图8-32 传统精美折扇

在制作本例中，先利用旋转复制功能
制作扇子的龙骨，并利用【分散到图层】命
令。将龙骨分散到图层中，顺势推延1帧，就
可比较轻松地模拟出扇骨展开的逐帧动画效
果。再利用圆环旋转遮罩动画，制作扇面展
开的效果。

【步骤提示】

1. 新建一个Flash文档。
2. 新建"扇骨"影片剪辑元件。在工具栏
   中选择□工具，设置边线为黑色，在舞
   台中绘制木质渐变矩形，如图8-33所
   示。

图8-33 绘制木质渐变矩形

3. 增加"图层2"，绘制一个宽、高均为
   400的圆形，并使其相对中心位置对齐。
4. 新建"扇骨-总"影片剪辑元件。选择 ▓
   工具移动元件的旋转中心，使其和舞台
   中心对齐，复制出一组扇骨，如图8-34
   所示。

图8-34 旋转复制扇骨

5. 选择舞台中的所有扇骨，在【变形】面
   板中，设置【旋转】选项参数为"－75"
   度，按<Enter>键确定，将扇骨的角度调
   正。
6. 选择【分散到图层】命令，在"图层1"
   的下方增加16个新图层。
7. 按照从下至上的顺序，除最后1层外，依
   次将新增图层中的关键帧向后移动1帧，
   使每1层都间隔1帧。延续帧到16帧，如
   图8-35所示。
8. 新建"图层18"，选择【基本椭圆】工
   具 ◯，绘制一个正圆形，如图8-36所
   示。

9. 修改图形为圆环，效果如图8-37所示。

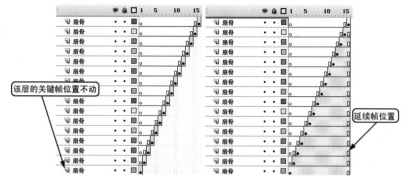

图8-35 创建扇骨展开动画

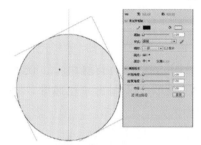

图8-36 设置圆形尺寸

图8-37 调整图形的【内径】

10. 选择圆环，复制对象。选择"图层18"第1帧，选择【编辑】/【粘贴到当前位置】命令粘贴对象，如图8-38所示。

11. 导入配套资源对应目录中的"招贴.jpg"文件，使其填充到扇面上，如图8-39所示。

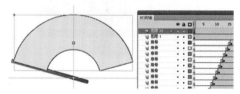

图8-38 隐藏新图层

图8-39 调整位图的位置和形状

12. 选择"图层1"中的所有对象，转换为元件"扇面"影片剪辑元件，设置透明度为"95%"，如图8-40所示。

13. 选择"图层18"的圆环，修改为如图8-41所示效果。

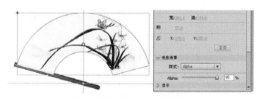

图8-40 设置扇面的透明度

图8-41 设置基本椭圆工具【属性】

14. 创建补间动画。选择"图层18"的第16帧增加关键帧。选择第16帧中的对象，旋转"155.0"度，如图8-42所示。

15. 选择"图层18"转化为遮罩层，延续到第60帧，如图8-43所示。

16. 单击 场景1 按钮回到场景1，从【库】中将"扇骨-总"元件拖到舞台中。

17. 选择【控制】/【测试影片】命令，就会看到按设定场景依次出现的动画效果。此例可参见配套资源中的"传统精美折扇.fla"文件。

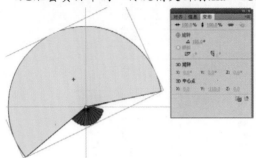

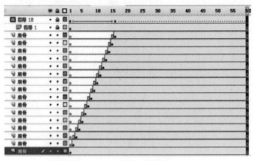

图8-42 旋转半圆形   图8-43 完成后的动画图层排列效果

8.5 课后作业

1. 打开配套资源中的"蜜蜂.fla"文件，利用运动引导层动画使其由花盘旋飞回蜂巢，如图8-44所示。此例可参见配套资源中的"蜜蜂归巢.fla"文件。

2. 打开配套资源中的"划变（素材）.fla"文件，对相关元件进行修改，最终形成如图8-45所示的十字交叉划变效果。此例可参见配套资源中的"划变.fla"文件。

图8-44 蜜蜂归巢   图8-45 十字交叉划变效果

3. 打开配套资源中的"扫光.fla"文件，对相关元件进行修改，最终形成如图8-46所示的虚光效果。此例可参见配套资源中的"虚光文字.fla"文件。

百部影片展播

图8-46 虚光文字

第 **9** 讲
3D工具和骨骼工具

在Flash CS5中，每个影片剪辑实例的属性中都包括z轴表示3D空间。使用【3D平移】和【3D旋转】工具沿着影片剪辑实例的z轴移动和旋转影片剪辑实例，可以向影片剪辑实例中添加3D透视效果。骨骼工具的反向运动功能，是一种使用骨骼关节结构对一个对象或彼此相关的一组对象进行动画处理的方法。使用骨骼，元件实例和形状对象可以按复杂而自然的方式移动，提升具有骨骼结构形体的动画制作效果。

【本讲课时】

本讲课时为4小时。

【教学目标】

● 掌握三维空间概念。

● 掌握3D平移和3D旋转。

● 掌握骨骼、绑定和IK运动约束。

9.1 功能讲解

本节讲述在Flash舞台的3D空间中移动和旋转影片剪辑创建3D效果。Flash通过在每个影片剪辑实例的属性中包括z轴来表示3D空间。通过使用【3D平移】工具和【3D旋转】工具沿着影片剪辑实例的z轴移动和旋转影片剪辑实例，可以向影片剪辑实例中添加3D透视效果。

9.1.1 二维空间与三维空间

二维空间（2D）是指仅由长度和宽度（在几何学中为x轴和y轴）两个要素所组成的平面空间，只在平面延伸扩展，二维空间呈面性。同时三维空间也是美术上的一个术语，例如，绘画就是将三度空间的事物，用二度空间来展现。

三维空间（3D）是指长、宽、高构成的立体空间，三维空间呈体性。三维空间的长、宽、高3条轴是说明在三维空间中的物体相对原点O的距离关系。

在3D中最重要的理论就是超出x和y存在的另一个表示深度的维度z，如图9-1所示。对于Flash而言，意味着物体远离观察者时z轴将增大，临近观察者时z轴将减小。

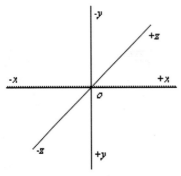

图9-1 3D坐标系

9.1.2 【3D旋转】工具

【3D旋转】工具可以在三维空间中旋转影片剪辑实例。舞台中的3D旋转控件用不同色彩代表不同的旋转操作，其中红色绕x轴线旋转、绿色绕y轴线旋转、蓝色绕z轴线旋转、橙色的自由旋转控件可同时绕x和y轴旋转，如图9-2所示。

【3D旋转】工具包括全局模式和局部模式，通过单击【工具】面板的【选项】部分中的【全局转换】按钮进行转换，如图9-3所示。在使用【3D旋转】工具进行拖动的同时按<D>键可以临时从全局模式切换到局部模式。

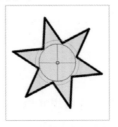 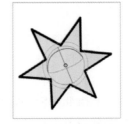

图9-2 全局【3D旋转】模式　图9-3 局部【3D旋转】模式

【3D旋转】工具的应用涉及【属性】面板【3D定位和查看】卷展栏和【变形】面板相关选项的设置和调整，如图9-4和图9-5所示。

图9-4 【属性】面板选项　图9-5 【变形】面板选项

【属性】面板【3D定位和查看】卷展栏相关选项的作用如下。

- 透视角度：能够缩放舞台视图。更改透视角度效果与照相机镜头缩放类似。
- 消失点：在舞台上能够平移3D对象。

每个FLA文件只有一个"透视角度"和"消失点"设置。

【变形】面板相关选项的作用如下。

- **3D 旋转**：参数化设置x、y、z方向值。
- **3D 中心点**：参数化设置3D中心点在x、y、z轴上的值。

9.1.3 【3D平移】工具

使用【3D平移】工具可以在三维空间中移动影片剪辑实例。在使用该工具选择影片剪辑后，影片剪辑的*x*、*y*和*z*轴3个轴将显示在舞台上对象的顶部。*x*轴为红色，*y*轴为绿色，而*z*轴为蓝色，如图9-6所示。

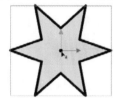

图9-6 【3D平移】工具【选项】区

当鼠标光标变为黑色箭头和轴字母组合的状态时，可以拖曳鼠标平移对象。也可以在【属性】面板的【3D定位和查看】选项中*x*、*y*或*z*输入区，精确输入移动参数值。按住<Shift>键并双击其中一个选中对象可将轴控件移动到该对象，如图9-7所示。【宽度】和【高度】值是只读值，辅助用户确定当前变形对象尺寸。

图9-7 【属性】面板相关选项

9.1.4 反向运动及【骨骼】工具

通过反向运动（IK）可以轻松地创建人物动画，如胳膊、腿和面部表情的自然运动。Flash包括两个用于处理IK的工具。使用【骨骼】工具可以向元件实例或形状添加骨骼。在一个骨骼移动时，与启动运动的骨骼相关的其他连接骨骼也会移动。使用反向运动进行动画处理时，只需指定对象的开始位置和结束位置即可。

一组IK骨骼链称为骨架，骨骼之间的连接点称为关节。在父子层次结构中，骨架中的骨骼彼此相连，骨架可以是线性的或分支的，源于同一骨骼的骨架分支称为同级。

在Flash中可以按两种方式使用IK。

- 第1种方式：通过添加将每个实例与其他实例连接在一起的骨骼，用关节连接一系列的元件实例，如图9-8所示。骨骼允许元件实例一起移动。例如，有一组影片剪辑，其中的每个影片剪辑都表示人体的不同部分。通过将躯干、上臂、下臂和手链接在一起，可以创建逼真移动的胳膊。通过这种方式可以创建一个分支骨架以包括两个胳膊、两条腿和头。

图9-8 元件实例骨架

- 第2种方式：是向形状对象的内部添加骨架。可以在合并绘制模式或对象绘制模式中创建形状，如图9-9所示。通过骨骼，可以移动形状的各个部分并对其进行动画处理。

图9-9 形状对象骨架

在向元件实例或形状添加骨骼时，Flash将实例或形状以及关联的骨架移动到时间轴中的新图层。此新图层称为姿势图层，默认图层名称为"骨架_1"。每个姿势图层只能

包含一个骨架及其关联的实例或形状。

9.1.5 【绑定】工具

使用【绑定】工具 ◇ 可以调整形状对象的各个骨骼和控制点之间的关系。在默认情况下，形状的控制点连接到离它们最近的骨骼。使用【绑定】工具，可以编辑单个骨骼和形状控制点之间的连接。这样，就可以控制在每个骨骼移动时图形扭曲的方式以获得更满意的结果。

【绑定】工具 ◇ 使用过程中涉及图标的含义如图9-10所示。

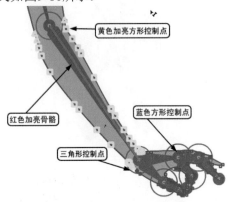

图9-10 【绑定】工具图标含义

- 黄色加亮方形控制点：表示已连接当前骨骼的点。
- 红色加亮骨骼：表示当前选定的骨骼。
- 蓝色方形控制点：表示已经连接到某个骨骼的点。
- 三角形控制点：表示连接到多个骨骼的控制点。

【绑定】工具 ◇ 操作要点主要有以下几个方面。

- 若要向选定的骨骼添加控制点，请按住<Shift>键并单击未加亮显示的控制点。也可以通过按住<Shift>键并拖动来选择要添加到选定骨骼的多个控制点。
- 若要从骨骼中删除控制点，请按住

<Ctrl>键并单击以黄色加亮显示的控制点，也可以通过按住<Ctrl>键并拖动来删除选定骨骼中的多个控制点。

- 同理，若要向选定的控制点添加其他骨骼，请按住<Shift>键并单击骨骼。若要从选定的控制点中删除骨骼，按住<Ctrl>键并单击以黄色加亮显示的骨骼。

9.1.6 IK运动约束

若要为IK骨架创建更多的逼真运动，可以控制特定骨骼的运动自由度。选定一个或多个骨骼时，可以在【属性】面板中设置【联接:旋转】、【联接:X平移】和【联接:Y平移】选项如图9-11所示。

图9-11 IK运动约束选项

可以启用、禁用和约束骨骼的旋转及其沿x或y轴的运动。默认情况下，启用骨骼旋转，而禁用x和y轴平移。启用x或y轴平移时，骨骼可以不限度数地沿x或y轴移动，而且父级骨骼的长度将随之改变以适应运动。

若要使选定的骨骼可以沿x或y轴移动并更改其父级骨骼的长度，请在【属性】面板的【联接:X平移】或【联接:Y平移】部分中选择【启用】选项。

若要限制沿x或y轴启用的运动量，请在【属性】面板的【联接:X平移】或【联接:Y

平移】部分中选择【约束】选项，然后输入骨骼可以行进的最小距离和最大距离。

若要约束骨骼的旋转，可以在【属性】面板的【联接:旋转】部分中输入旋转的最小度数和最大度数。

骨骼的【弹簧】属性，包括【强度】和【阻尼】选项，通过将动态物理集成到骨骼IK系统中，使IK骨骼体现真实的物理移动效果，以便更轻松地创建更逼真的动画。

9.2 范例解析

本章将通过范例使用【骨骼】工具 🖉 向元件实例和图形添加骨骼的方法。

9.2.1 灵巧的手

设置一组元件实例骨骼动画，产生连贯的挥手动作，如图9-12所示。

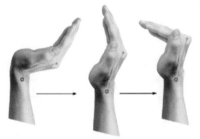

图9-12 挥动的手

【操作提示】

1. 新建一个Flash文档。
2. 导入配套资源文件"手臂.png"、"手掌.png"和"手指.png"，分别放置在"图层1"、"图层2"和"图层3"中，如图9-13所示。

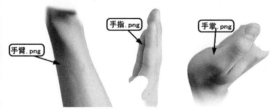

图9-13 导入的3组图像

3. 选择"手臂.png"单击鼠标右键选择

【转换为元件】命令，转换为影片剪辑"元件1"。

4. 选择"手掌.png"单击鼠标右键选择【转换为元件】命令，转换为影片剪辑"元件2"。
5. 选择"手指.png"单击鼠标右键选择【转换为元件】命令，转换为影片剪辑"元件3"。
6. 选择【任意变形】工具 ，调整手臂元件的旋转中心，如图9-14所示。
7. 接着调整手掌和手指两个元件的中心点，改变骨骼链接点的位置，如图9-15所示。

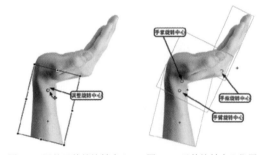

图9-14 调整元件的旋转中心　图9-15 元件旋转中心位置

8. 选择【骨骼】工具 🖉，从下向上依次单击鼠标创建3组元件的骨骼联接。
9. 选择手臂处的骨骼，在【属性】面板中勾选【联接：旋转】选项中的【约束】选项，【最小】参数设置为"0"，【最大】参数设置为"1"，如图9-16所示。
10. 选择第1帧，调整骨骼的姿态，如图9-16所示。

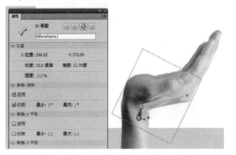

图9-16 设置第一个骨骼的旋转约束

11. 选择第25帧，单击鼠标右键，在弹出的快捷菜单中选择【插入姿势】命令，向

左侧调整骨骼姿势，产生挥手效果，如图9-17所示。

12. 选择第50帧，单击鼠标右键选择【插入姿势】命令，向下弯曲手指骨骼姿势，如图9-18所示。

图9-17 挥手效果　　　图9-18 向下弯曲手指骨骼姿势

13. 【时间轴】面板效果如图9-19所示，测试动画。

图9-19 【时间轴】面板

9.2.2 赛马

设置马尾图形骨骼动画，删除连接到多个骨骼的控制点，产生连贯的尾巴上翘的动作，如图9-20所示。

【操作提示】

1. 打开配套资源中的"赛马素材.fla"文件，另存为"赛马.fla"。

2. 选择【骨骼】工具，创建尾部的3个骨骼联接，如图9-21所示。

图9-20 赛马效果　　　图9-21 创建尾部的骨骼联接

3. 选择【绑定】工具，选择第一个骨骼，查看黄色控制点，按住<Ctrl>键选择删除尾部图形以外的黄色三角形控制点，如图9-22所示。

4. 选择另外2个骨骼，检查黄色控制点，执行上一步的操作，如图9-23所示。

 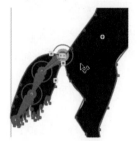

图9-22 删除黄色控制点　　图9-23 查看骨骼控制点状态

5. 选择第20帧，按<F6>键增加关键帧，向上部调整骨骼姿势，产生尾部上翘的姿态效果，如图9-24所示。

6. 选择第40帧，按<F6>键增加关键帧，继续上调尾部骨骼，如图9-25所示.

图9-24 尾部上翘　　　图9-25 增加姿态关键帧

黄色加亮方形控制点的形成是骨骼绑定时自动生成的可控端点，如果不删除不理想的黄色加亮方形控制点，会使骨骼动画时图形发生粘连，产生错位和变形，出现不理想的动画效果。通过按住<Ctrl>键框选黄色加亮方形控制点，实现骨骼图形形变范围的精确控制。

9.3 课堂实训

这一节通过两个例子的制作，讲述【3D旋转】工具和骨骼旋转限制的应用，熟悉空间旋转动画效果和骨骼姿态调整方法。

9.3.1 变形金刚

旋转两组相册图形，创建如图9-26所示的立体旋转效果。实现图9-26所示的旋转效果，主要需事先熟悉两组图形的空间关系，如何在三维空间上组合两组相交叉的图像，随后设置两组图像同步旋转效果。

图9-26 旋转的相册

【步骤提示】

1. 新建一个Flash文档，设置文件大小为"800×600"像素。

2. 将配套资源文件"变形金刚1.png"导入到舞台，转换为"元件1"影片剪辑元件，并相对舞台中心对齐，如图9-27所示。

图9-27 导入图像并转换元件

3. 选择第1帧，单击鼠标右键，选择【创建补间动画】菜单命令，拖曳延续最后一帧至"40"帧，准备创建动画，如图9-28所示。

图9-28 延续帧

4. 选择第"40"帧中的元件，选择【窗口】/【变形】命令，打开【变形】面板，在【变形】面板【3D旋转】选项中设置【Y】轴选项为"180"，按<Enter>键确认，如图9-29所示。

图9-29 设置【Y】轴

5. 在【时间轴】面板新建"图层2"，导入"变形金刚2.png"文件，转换为"元件2"影片剪辑元件，并相对舞台中心对齐。

6. 选择"图层2"第1帧，单击鼠标右键，在弹出的快捷菜单中选择【创建补间动画】命令，如图9-30所示。

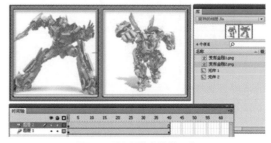

图9-30 导入图像并转换元件

7. 选择"图层2"第1帧的元件，在【变形】面板【3D旋转】选项中设置【Y】轴选项为"90"，按<Enter>键确认，如图9-31所示。

图9-31 设置【Y】轴

软件在初始状态时，【属性】面板中的【透视角度】选项参数为"1.0"，如果此参数为其他数值时动画效果不理想，要注意检查该选项参数数值。

8. 选择"图层2"第40帧的元件，在【变形】面板【3D旋转】选项中设置【Y】

轴选项为"－90"，按<Enter>键确认，如图9-32所示。

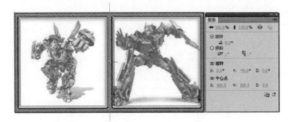

图9-32 设置【Y】轴选项

9. 选择任何一个元件，在【属性】面板设置【透视角度】 ■ 选项为"55"，缩小透视比例，如图9-33所示。

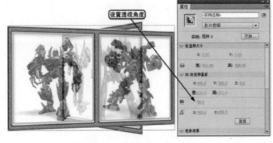

图9-33 设置【透视角度】

10. 测试动画效果。

通过对【变形】面板中【3D旋转】参数的调整，使元件延y轴自由旋转，形成自然连贯的立体旋转效果。

9.3.2 机械臂

本例中骨骼联接3组元件，实现相互制约联动的机械臂效果，如图9-34所示。要实现如图9-34所示的机械臂效果，首先创建3组元件，接着创建元件之间的骨骼链接，并调整关节点的位置，最后制作联动动画效果。

图9-34 机械臂

【步骤提示】

1. 新建一个Flash文档。选择【基本矩形】工具 ■，绘制矩形边角半径为"100"的红色倒角矩形，如图9-35所示。

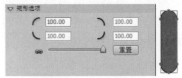

图9-35 绘制倒角矩形

2. 选择图形，单击鼠标右键，在弹出的快捷菜单中选择【转换为元件】命令，转换为"元件1"影片剪辑元件。

3. 双击打开元件，新建"图层2"，选择【椭圆】工具 ■，绘制2个黑色圆形，放置在红色倒角矩形的两端，如图9-36所示。

图9-36 绘制圆形

4. 选择【库】面板中的"元件1"，单击鼠标右键，在弹出的快捷菜单中选择【直接复制】命令，将"元件1"直接复制为"元件2"。修改"元件2"中的倒角矩形为绿色，如图9-37所示。

图9-37 调整颜色

5. 选择【库】面板中的"元件1"，单击鼠标右键，选择【直接复制】菜单命令，

将"元件1"直接复制为"元件3"。修改"元件3"中的倒角矩形为蓝色，如图9-38所示。

6. 删除"元件1"下方的黑色圆点，选择【矩形】工具□绘制竖长的蓝色矩形，如图9-38所示。

7. 返回到【场景1】，拖曳【库】中的"元件2"和"元件3"到舞台，按照如图9-39所示的方式排列，并使3个对象在垂直方向上相对舞台中心对齐。

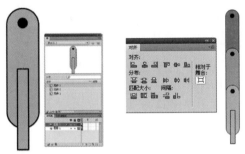

图9-38 调整图形　　　　图9-39 排列图形

8. 选择【骨骼】工具✐，创建3个元件之间的链接，如图9-40所示。

9. 选择【任意变形】工具▦，分别调整3个元件的中心点，改变骨骼链接点的位置，如图9-41、图9-42和图9-43所示。

图9-40 链接元件骨骼　　图9-41 调整"元件1"中心

图9-42 调整"元件2"中心　　图9-43 调整"元件3"中心

10. 选择最上面的骨骼，在【属性】面板中勾选【联接：旋转】选项中的【约束】选项，参数保持默认值，如图9-44所示。

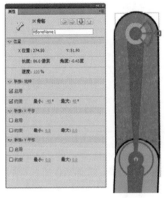

图9-44 设置骨骼的旋转约束

11. 选择最中间的骨骼，在【属性】面板中勾选【联接：旋转】选项中的【约束】选项，【最小】参数设置为"–90"，【最大】参数设置为"90"，如图9-45所示。

图9-45 设置骨骼的旋转约束

12. 调整第1帧中元件骨骼姿势，如图9-46所示。

图9-46 调整元件骨骼姿势

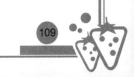

13. 在"骨架_1"层第30帧，单击鼠标右键，选择【插入姿势】菜单命令，调整骨骼姿势如图9-47所示。

图9-47 插入姿势

14. 在"骨架_1"层第60帧，单击鼠标右键，选择【插入姿势】菜单命令，调整骨骼姿势如图9-48所示。

图9-48 调整元件骨骼姿势

15. 测试动画效果。

在本实例中，主要尝试限制骨骼旋转角度的方法，使关联元件更符合物体的自然动作限制。

9.4 综合案例——三维立方体

绘制三维空间六面体，并制作立方体旋转动画，如图9-49所示。在制作动画过程中，首先搭建六面体的6个面，再利用3D旋转功能旋转立方体。

图9-49 三维立方体

【步骤提示】

1. 新建一个Flash文档，设置尺寸为"600×400"像素，并以文件名"三维立方体.fla"进行保存。

2. 选择【矩形】工具 ▢，在舞台上绘制一个宽、高均为"120"，Alpha值为"50"的半透明黄色正方形，利用【对齐】面板与舞台居中对齐，如图9-50所示。

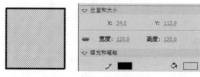

图9-50 绘制半透明矩形

3. 选择矩形，单击鼠标右键，在弹出的快捷菜单中选择【转换为元件】命令，转换为"元件1"影片剪辑元件。

4. 双击元件进入编辑状态，新建图层，选择【文字】工具 T，输入红色"1"，设置字体大小为"95"，字体样式为"Times New Roman"，如图9-51所示。

图9-51 输入数字

5. 在【库】面板中直接复制5份，分别依序改名"元件2"～"元件6"。

6. 分别打开新复制元件，修改元件内的数字为"2"～"6"，改变矩形色为其他喜好的颜色，如图9-52所示。

图9-52 复制元件

7. 返回【场景1】，在【时间轴】面板新建
   "图层2"～"图层6"，选择复制"图
   层1"第1帧，粘贴到其他图层，如图
   9-53所示。

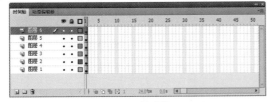

图9-53 粘贴帧

8. 选择"图层2"～"图层6"中的元件，
   利用右键快捷菜单中的【交换元件】命
   令，对应替换为相应元件，如图9-54所
   示。

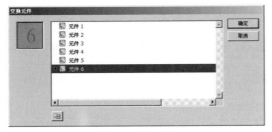

图9-54 交换元件

9. 选择"图层1"中的"元件1"，在【属
   性】面板【3D定位和查看】选项中设置
   【透视角度】选项 📷 为"55"。

10. 选择"图层1"中的"元件1"，在【属
    性】面板【3D定位和查看】选项中设置
    【Z】选项为"－60"，如图9-55所示。

图9-55 设置【Z】选项

 舞台的纵深就是z轴，这个z轴的形象思维
需要始终牢记。

11. 选择"图层2"中的"元件2"，在【属
    性】面板【3D定位和查看】选项中设置
    【X】选项为"240"。在【变形】面板
    【3D旋转】选项中设置【Y】轴选项为
    "90"，如图9-56所示。

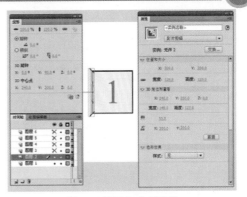

图9-56 设置【Y】轴选项

12. 选择"图层3"中的"元件3"，在【属
    性】面板【3D定位和查看】选项中设置
    【X】选项为"360"。在【变形】面板
    【3D旋转】选项中设置【Y】轴选项为
    "－90"。

13. 选择"图层4"中的"元件4"，在【属
    性】面板【3D定位和查看】选项中设置
    【Y】选项为"140"。在【变形】面板
    【3D旋转】选项中设置【X】轴选项为
    "－90"。

14. 选择"图层5"中的"元件5"，在【属
    性】面板【3D定位和查看】选项中设置
    【Y】选项为"260"。在【变形】面板
    【3D旋转】选项中设置【X】轴选项为
    "90"。

15. 选择"图层6"中的"元件6"，在【属
    性】面板【3D定位和查看】选项中设置
    【Z】选项为"60"。

16. 选择舞台上的所有元件，单击鼠标右
    键，在弹出的快捷菜单中选择【转换为
    元件】命令，转换为"总"影片剪辑元
    件，如图9-57所示。

17. 在【时间轴】面板"图层6"，选择第1
    帧，单击鼠标右键，在弹出的快捷菜单
    中选择【创建补间动画】命令，准备创
    建动画。

18. 选择最后一帧，在【变形】面板【3D
    选项】选项中设置【Y】轴选项为
    "180"，如图9-58所示。

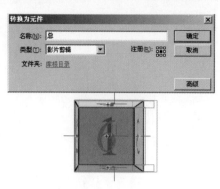

图9-57 转换元件

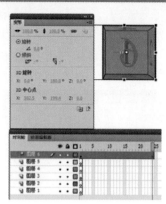

图9-58 设置【Y】轴选项

19. 测试立方体旋转效果。

9.5 课后作业

1. 创建如图9-59所示的五角星空间透视效果。

图9-59 五角星空间透视效果

2. 创建如图9-60所示的双矩形立体空间效果。

3. 如何调整骨骼中心点位置到圆形的中心位置，如图9-61所示。

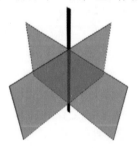

图9-60 双矩形立体空间效果

图9-61 调整中心点

第10讲
脚本动画设计基础

Flash CS5除了能够设计出美妙的矢量动画外，还有一个其他动画制作软件无法比拟的优点，那就是利用ActionScript对动画进行编程，从而实现种种精巧玄妙的变化，产生许多独特的效果。正是ActionScript的应用，才使Flash受到广泛的拥戴。Flash CS5使用的ActionScript 3.0相对于ActionScript 2.0来说，功能更加强大，执行速度更快，同时，也更加复杂一些。

【本讲课时】

本讲课时为6小时。

【教学目标】

- ● ActionScript基本概念和语法基础。
- ● 常用语句和函数。
- ● 事件的概念和处理方法。
- ● 面向对象的编程思想。

10.1 功能讲解

ActionScript是一种面向对象的编程（OOP），通过解释执行的脚本语言。它在Flash内容和应用程序中实现了交互性、数据处理以及其他许多功能。本章从简单的命令入手，了解一些最常用的基本概念和程序设计方法。

10.1.1 ActionScript语法基础

ActionScript是一种面向对象的编程语言。对象是ActionScript 3.0语言的核心，程序所声明的每个变量、编写的每个函数以及创建的每个实例都是一个对象。

一、什么是ActionScript

和其他脚本撰写语言一样，ActionScript遵循自己的语法规则，保留关键字，提供运算符，并且允许使用变量存储和获取信息。ActionScript包含内置的对象和函数，并且允许用户创建自己的对象和函数。

ActionScript程序一般由语句、函数和变量组成，主要涉及变量、函数、数据类型、表达式和运算符等，它们是ActionScript的基石。可以由单一动作组成，如指示动画停止播放的操作，也可以由一系列动作语句组成，如先计算条件，再执行动作。

事实上，用户已经在Flash中处理过元件，这些元件就是对象。假设定义了一个影片剪辑元件（假设它是一幅矩形的图画），并且将它的一个副本放在了舞台上，那么，该影片剪辑元件就是ActionScript中的一个对象，即MovieClip类的一个实例。

在ActionScript面向对象的编程中，任何对象都可以包含3种类型的特性。

- 属性：表示与对象绑定在一起的若干数据项的值，如矩形的长、宽和颜色。
- 方法：可以由对象执行的操作，如动画播放、停止或跳转等。
- 事件：由用户或系统内部引发的、可被ActionScript识别并响应的事情，如鼠标单击、用户输入、定时时间等事件。

这些元素共同用于管理程序使用的数据块，并用于确定执行哪些动作以及动作的执行顺序。ActionScript为响应特定事件而执行某些动作的过程称为"事件处理"。在编写执行事件处理代码时，Flash需要识别3个重要元素。

- 事件源：发生该事件的是哪个对象。
- 事件：将要发生什么事情，以及程序希望响应什么事情。
- 响应：当事件发生时，程序希望执行哪些步骤。

无论何时编写处理事件的ActionScript代码，都会包括这3个元素，并且代码将遵循以下基本结构。

```
function eventResponse(eventObject:EventType):void
{
//此处是为响应事件而执行的动作。
}
eventSource.addEventListener(EventType.EVENT_NAME, eventResponse);
```

此代码执行两个操作。首先，定义一个函数，这是指定为响应事件而要执行的动作的方法；接下来，调用源对象的**addEventListener()**方法，实际上就是为指定事件"订阅"该函数，

以便当该事件发生时，执行该函数的动作。

"函数"提供一种将若干个动作组合在一起、用类似于快捷名称的单个名称来执行这些动作的方法。函数与方法完全相同，只是不必与特定类关联（事实上，方法可以被定义为与特定类关联的函数）。在创建事件处理函数时，必须选择函数名称（本例中为eventResponse），还必须指定一个参数（本例中的名称为eventObject）。指定函数参数类似于声明变量，所以还必须指明参数的数据类型。将为每个事件定义一个ActionScript类，并且为函数参数指定的数据类型始终是与要响应的特定事件关联的类。最后，在左大括号与右大括号之间（{...}），编写用户希望计算机在事件发生时执行的指令。

一旦编写了事件处理函数，就需要通知事件源对象（发生事件的对象，如按钮）程序希望在该事件发生时调用函数，可通过调用该对象的addEventListener()方法来实现此目的（所有具有事件的对象都同时具有addEventListener()方法）。addEventListener()方法有两个参数。

- 第一个参数是希望响应的特定事件的名称。同样，每个事件都与一个特定类关联，而该类将为每个事件预定义一个特殊值，类似于事件自己的唯一名称（应将其用于第一个参数）。
- 第二个参数是事件响应函数的名称。请注意，如果将函数名称作为参数进行传递，则在写入函数名称时不使用括号。

二、变量

(1) 变量的声明

变量可用来存储程序中使用的值。要声明变量，必须将var语句和变量名结合使用。可通过在变量名后面追加一个后跟变量类型的冒号（:）来指定变量类型。如果要声明多个变量，则可以使用逗号运算符（,）来分隔变量，从而在一行代码中声明所有这些变量。

```
var i:int;
var a:int, b:int, c:int;
```

(2) 变量的赋值

可以使用赋值运算符（＝）为变量赋值，也可以在声明变量的同时为变量赋值。

```
var i:int = 20;
i = 40;
```

三、语法

ActionScript语言的语法定义了在编写可执行代码时必须遵循的规则。

(1) 区分大小写

ActionScript 3.0是一种区分大小写的语言。只是大小写不同的标识符会被视为不同。

(2) 点语法

可以通过点运算符（.）来访问对象的属性和方法。使用点语法，可以使用后跟点运算符和属性名或方法名来引用对象的属性或方法。例如：

```
ball.x=100;                //对象ball的x坐标为100
```

(3) 分号

可以使用分号字符（;）来终止语句。如果省略分号字符，则编译器会认为每行代码代表单个语句。不过，最好还是使用分号，因为这样可增加代码的可读性。

(4) 注释

ActionScript 3.0代码支持两种类型的注释：单行注释和多行注释。编译器将忽略标记为注释的文本。

- 单行注释以两个正斜杠字符（//）开头并持续到该行的末尾。

```
var someNumber:Number = 3;        // 单行注释
```

- 多行注释以一个正斜杠和一个星号（/*）开头，以一个星号和一个正斜杠（*/）结尾。

```
/*这是一个可以跨
多行代码的多行注释。*/
```

四、运算符

运算符是一种特殊的函数，它们具有一个或多个操作数并返回相应的值。"操作数"是被运算符用作输入的值，通常是数值、变量或表达式。例如，在下面的代码中，将加法运算符（+）和乘法运算符（*）与3个操作数（2、3和4）结合使用来返回一个值。赋值运算符（=）随后使用该值将所返回的值14赋给变量*sumNumber*。

```
var sumNumber:uint = 2 + 3 * 4; // uint = 14
```

运算符的优先级和结合律决定了运算符的处理顺序。虽然对于熟悉算术的人来说，编译器先处理乘法运算符（*）然后再处理加法运算符（+）似乎是自然而然的事情，但实际上编译器要求显式指定先处理哪些运算符。此类指令统称为"运算符优先级"。ActionScript定义了一个默认的运算符优先级，可以使用小括号运算符（()）来改变它。例如，下面的代码改变上一个示例中的默认优先级，以强制编译器先处理加法运算符，然后再处理乘法运算符。

```
var sumNumber:uint = (2 + 3) * 4; // uint == 20
```

ActionScript 3.0中的运算符与其他编程语言的运算符类似，这里不再赘述。

10.1.2 ActionScript语句与函数

一、条件语句

ActionScript 3.0提供了3个可用来控制程序流的基本条件语句。

(1) if...else语句

if...else条件语句用于测试一个条件，如果该条件存在，则执行一个代码块，否则执行替代代码块。

如果用户不想执行替代代码块，可以仅使用if语句，而不用else语句。

(2) if...else if语句

可以使用if...else if条件语句来测试多个条件。

如果if或else语句后面只有一条语句，则无需用大括号括起后面的语句。

`if (x > 20)`
`{`
`    trace("x is > 20");`
`}`
`else`
`{`
`    trace("x is <= 20");`
`}`
	`if (x > 20)`
	`{`
	`    trace("x is > 20");`
	`}`
	`else if (x < 0)`
	`{`
	`    trace("x is negative");`
	`}`
		`if (x > 0)`
		`    trace("x is positive");`
		`else if (x < 0)`
		`    trace("x is negative");`
		`else`
		`    trace("x is 0");`

(3) switch语句

如果多个执行路径依赖于同一个条件表达式，则switch语句非常有用。其功能相当于一系列if..else if语句，但是更便于阅读。switch语句不是对条件进行测试以获得布尔值，而是对表达式进行求值并使用计算结果来确定要执行的代码块。代码块以case语句开头，以break语句结尾。例如，下面的switch语句基于由Date.getDay()方法返回的日期值输出星期日期。

```
var someDate:Date = new Date();
var dayNum:uint = someDate.getDay();
switch(dayNum)
{
    case 0:
        trace("星期天");
        break;
    case 6:
        trace("星期六");
        break;
    default:
        trace("今天是工作日");
        break;
}
```

二、循环语句

循环语句允许使用一系列值或变量来反复执行一个特定的代码块。一般始终用大括号（{}）来括起代码块。尽管在代码块中只包含一条语句时可以省略大括号，但是就像在介绍条件语言时所提到的那样，不建议这样做，原因也相同，即这会增加无意中将以后添加的语句从代码块中排除的可能性。

（1）for语句

for循环用于循环访问某个变量以获得特定范围的值。在for语句中必须提供3个表达式：一个设置了初始值的变量，一个用于确定循环何时结束的条件语句，一个在每次循环中都更改变量值的表达式。

（2）for...in语句

for...in循环用于循环访问对象属性或数组元素。

下例循环5次。变量i的值从0开始到4结束，输出结果是从0到4的5个数字，每个数字各占一行。	循环访问通用对象的属性。	循环访问数组中的元素。

`var i:int;`
`for (i = 0; i < 5; i++)`
`{`
`    trace(i);`
`}`
	`var myObj:Object = {x:20,`
	`y:30};`
	`for (var i:String in`
	`myObj)`
	`{`
	`    trace(i + ": " +`
	`myObj[i]);`
	`}`
	`// 输出:`
	`// x: 20`
	`// y: 30`
		`var myArray:Array = [`
		`"one", "two", "three"];`
		`for (var i:String in my-`
		`Array)`
		`{`
		`    trace(myArray[i]);`
		`}`
		`// 输出:`
		`// one`
		`// two`
		`// three`

（3）while语句

while循环与if语句相似，只要条件为true，就会反复执行。

使用while循环（而非for循环）存在的一个缺点是，编写的while循环中更容易出现无限循

环。如果省略了用来递增计数器变量的表达式，则for循环示例代码将无法编译，而while循环示例代码仍然能够编译。若没有用来递增i的表达式，循环将成为无限循环。

(4) do...while语句

do...while循环是一种while循环，它保证至少执行一次代码块，这是因为在执行代码块后才会检查条件。

下面的代码与for循环示例生成的输出结果相同。	即使条件不满足，该示例也会生成输出结果。

``
var i:int = 0;
while (i < 5)
{
    trace(i);
    i++;
}
``
	``
	var i:int = 5;
	do
	{
	    trace(i);
	    i++;
	} while (i < 5);
	//输出：5
	``

三、函数

函数在ActionScript中始终扮演着极为重要的角色，是执行特定任务并可以在程序中重复使用的代码块。

(1) 调用函数

可通过使用后跟小括号运算符（( )）的函数标识符来调用函数。要发送给函数的任何函数参数都要括在小括号中。例如，贯穿于本书始末的trace( )函数，它是Flash Player API中的顶级函数。

```
trace("Use trace to help debug your script");
```

如果要调用没有参数的函数，则必须使用一对空的小括号。

```
var randomNum:Number = Math.random();        //使用没有参数的Math.random()方法
```
生成随机数

(2) 定义自己的函数

在ActionScript 3.0中可通过使用函数语句来定义函数。函数语句是在严格的模式下定义函数的首选方法。函数语句以function关键字开头，后面可以跟以下语句。

- 函数名。
- 用小括号括起来的逗号分隔参数列表。
- 用大括号括起来的函数体，即在调用函数时要执行的ActionScript代码。

```
function traceParameter(aParam:String)    //创建1个参数的函数
{
    trace(aParam);
}
traceParameter("hello");  //将字符串"hello"用作参数值来调用函数，返回hello
```

(3) 从函数中返回值

要从函数中返回值，请使用后跟要返回的表达式或字面值的return语句。

```
function doubleNum(baseNum:int):int        //返回一个表示参数的表达式：
{
    return (baseNum * 2);
}
```

请注意，return语句会终止该函数，因此，不会执行位于return语句下面的任何语句。

10.1.3 动作面板与脚本窗口

在Flash CS5中，使用【动作】面板可以创建和编辑对象或帧的ActionScript代码。选择帧、按钮或影片剪辑实例可以激活【动作】面板，同时，根据选择的内容的不同，【动作】面板标题也会变为【按钮动作】、【影片剪辑动作】或【帧动作】。

选择【窗口】/【动作】命令，打开【动作】面板，如图10-1所示。

图10-1 【动作】面板

使用动作工具箱可以浏览ActionScript语言元素（函数、类、类型等）的分类列表，然后将其插入到脚本窗口中。要将脚本元素插入到脚本窗口中，可以双击该元素，或直接将它拖到脚本窗口中。还可以使用面板工具栏中的 ⊕（添加）按钮来将语言元素添加到脚本中。

面板工具栏包含了一些常用的功能按钮，如图10-2所示。使用【动作】面板的工具栏可以访问代码帮助功能，这些功能有助于简化在ActionScript中进行的编码工作。

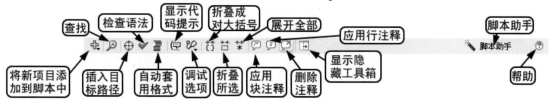

图10-2 脚本窗口上的功能按钮

下面介绍面板工具栏中的几种功能。

(1) 插入目标路径

单击 ⊕ 按钮后，会出现如图10-3所示【插入目标路径】对话框。利用该对话框可以选择语句或函数要操作的目标对象。路径分"相对路径"和"绝对路径"两种，一般选择前者。

所谓"相对"路径是指目标相对于当前对象的位置。标识符"this"代表了当前对象或影片剪辑实例。

所谓"绝对路径"是指目标相对于主时间轴的位置。标识符"_root"代表了指向主时间轴的引用。

(2) 检查语法

选择 ✓ 按钮后，系统会自动对脚本窗口中的代码进行检查。如果代码有错误，则弹出提示对话框，同时，打开【编译器错误】面板，显示错误信息，如图10-4所示。

图10-3 插入目标路径

图10-4 【编译器错误】面板

(3) 调试选项

在脚本中设置和删除断点，以便在调试Flash文档时可以停止，然后逐行跟踪脚本中的每一行。设置断点后，在该行语句的行号前会出现一个红点。

 如果当前选择的是帧，则【动作】面板表现的就是帧动作语句；如果选择某个对象，就会出现该对象的动作语句。

10.1.4 面向对象的编程

一、 面向对象的编程思想

面向对象的编程（OOP）是一种组织程序代码的方法，它将代码划分为对象，即是包含信息（属性）和功能（方法）的单个元素。这样，就能够通过访问对象的属性和方法来对其进行操纵。面向对象的编程方法使ActionScript 3.0功能更加强大，能够更好地与其他软件和环境交换数据。

过去，一般将计算机程序定义为计算机执行的一系列步骤或指令，那么从概念上讲可能认为计算机程序只是一个很长的指令列表。然而，在面向对象的编程中，程序指令被划分到不同的对象中——代码构成的功能块。因此相关类型的功能或相关的信息被组合到一个容器中。

通过使用面向对象的方法来组织程序，可以将特定信息及其关联的功能或动作组合在一起，称为"对象"。这能为程序的设计带来很多好处，其中包括只需跟踪单个变量而非多个变量，将相关功能组织在一起，以及能够以更接近实际情况的方式构建程序。

例如，若将计算机程序比作一个房子，当使用此概念时，这栋房子就是一个单元。如果想为房子换个门窗，就必须替换整个单元，重新建造一栋房屋。如果使用OOP技术，就可以在建造时将房屋设计成一个个独立的模块（对象），如果需要换玻璃，只需要选择门窗，调换玻璃即可，如果需要改变风格，只需要重新调整房屋的颜色和布局即可。这就是OOP编程的优势。

事实上，前面讲到的元件就是一个对象。例如，定义了一个影片剪辑元件（假设它是一幅矩形的图画），并且已将它的一个副本放在了舞台上。从严格意义上来说，该影片剪辑元件也是ActionScript中的一个对象，即MovieClip类的一个实例。可以修改该影片剪辑的不同特征。例如，当选中该影片剪辑时，可以在【属性】面板中更改许多值，如其坐标、宽度，进行各种颜色调整，或对它应用投影滤镜。这些修改工作，同样可以在ActionScript中通过更改MovieClip对象的各数据片断来实现。

OOP中有两个重要的概念，就是对象和类。

(1) 对象

对象是OOP应用程序的一个重要组成部件。这个组成部件封装了部分应用程序，这部分

应用程序可以是几个过程、数据或更抽象的实体。在前面的学习中已经用到了对象的概念，舞台中的每个实体都可以被看作是一个对象。

(2) 类

类是一种用户定义的数据类型，它有自己的说明（属性）和操作（方法），类中含有内部数据和过程，或函数形式的对象方法，通常用来描述一些非常相似的对象所具有的共同特征和行为。任何类都可以包含3种类型的特性：属性、方法和事件。这些元素共同用于管理程序使用的数据块，并用于确定执行哪些动作以及动作的执行顺序。

类由封装在一起的数据和方法构成。封装是指对类中数据的访问会受到一定限制，要通过一定的方法才能访问数据。从外部来看，类就像一个部分可见的黑匣子。可见部分称为接口，通过这个接口可以访问类中不可见的数据部分。其优点是可以减少因直接访问数据而造成的错误。

一个类定义了可区分一系列对象的所有属性，在使用时，需要将该类实例化。例如，"Sound"类泛指动画中所有的声音类型，如果要讨论对某一个声音的控制，就是将"Sound"类实例化。"类"仅仅是数据类型的定义，就像用于该数据类型的所有对象的模板，例如"所有Example数据类型的变量都拥有这些特性：A、B和C"。而"对象"仅仅是类的一个实际的实例；可将一个数据类型为MovieClip的变量描述为一个MovieClip对象。

 对象与类是OOP中极其重要的两个概念，要注意，类和对象是两个完全不同的东西，它们之间的关系就像类型与变量的关系。对象是类的实例，是由类定义的数据类型的变量。

二、类的定义

通常一个类有两项内容与之相关：属性（数据或信息）和行为（动作或它可以做的事情）。属性本质上不存放与类相关的信息的变量，而行为相当于函数，有时也称为方法。

我们知道，可以在库中创建一个元件，然后用这个元件可以在舞台上创建出很多的实例。与元件和实例的关系相同，类就是一个模板，而对象（如同实例）就是类的一个特殊表现形式。

ActionScript 3.0类定义语法中要求class关键字后跟类名。类体要放在大括号({})内，且放在类名后面。

下面来看一个类的例子。

```
package {                        //包的声明
    public class MyClass {              //类的定义
        public var myproperty:Number = 100;
        public function myMethod() {
            trace("天天课堂www.ttketang.com");
        }
    }
}
```

这个类的名字为MyClass，后面跟一对大括号。在这个类中有两种要素，一个是名为myproperty的变量，另一个是名为myMethod的函数。

public是访问关键字。访问关键字是一个用来指定其他代码是否可访问该代码的标识。public（公有类）关键字指该类可被外部任何类的代码访问。如果创建的属性或方法只限于

类本身的使用，则可以标记为private（私有），它会阻止类外部任何代码的访问。

类在编写完成后，需要保存在一个外部文本文件中，文件名与类名相同，使用的后缀为.as，例如MyClass.as。一般来说，这个类文件应当与fla文件位于同一目录下，但是如果使用包来组织，那么可以将类文件放在某个相对子目录下，但是需要在包结构中声明。

三、创建文档类

ActionScript 3.0引入了一个全新的概念：文档类（document class）。一个文档类就是一个继承自Sprite或MovieClip的类，并作为SWF的主类。读取SWF时，这个文档类的构造函数会被自动调用，它就成为了程序的入口，任何想要做的事都可以写在上面，如：创建影片剪辑、画图、读取资源等。在Flash CS5中写代码，可使用文档类，也可以选择继续在时间轴上写代码。但是使用文档类文件，更利于代码的共享、分析和扩展。

Flash CS5是实现文档类的最方便的工具。把上述的类选择一个文件夹进行保存，文件名为Test.as。打开Flash CS5，创建一个FLA文件，保存到与这个类相同的目录下。在属性面板中，出现了一个名为文档类（Document Class）的区域，只需输入类名：Test，如图10-5所示。

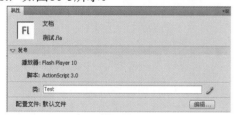

图10-5 设置文档类

请注意，用户输入的是类名，而不是文件名。所以这里不需要输入扩展名".as"。如果这个类文件位于FLA文件目录下的某个子目录，那么就需要输入类的完整路径，例如：syb.test.myclass.Test。

10.2 范例解析

前面讲了很多的概念和语法，也许有些读者会觉得ActionScript太复杂了。其实，其使用方法并不复杂，下面通过一些实例来了解ActionScript的具体使用方法。

10.2.1 改变属性——快乐垂钓

由于ActionScript中经常要讨论对象的坐标、位置等参数，所以明白计算机屏幕坐标关系是非常有必要的。

通常，采用一对数字的形式（如"5,12"或"17,-23"）来定位舞台上的对象，这两个数字分别是x坐标和y坐标。可以将屏幕看作是具有水平（x）轴和垂直（y）轴的平面图形。屏幕上的任何位置（或"点"）可以表示为x和y值对，即该位置的"坐标"。通常，舞台坐标原点（x和y轴相交的位置，其坐标为"0,0"）位于显示舞台的左上角。正如在标准二维坐标系中一样，x轴上的值越往右越大，越往左越小；对于原点左侧的位置，x坐标为负值。但是，与传统的坐标系相反，在ActionScript中，屏幕y轴上的值越往下越大，越往上越小（原点上面的y坐标为负值）。

屏幕坐标关系如图10-6所示。x轴正向为从左到右，y轴正向为从上到下。图中表示的坐标值是制计算机屏幕大小为1024×768。

图10-6 屏幕坐标关系

一般舞台上对象的原点（基准点）位置都在对象的左上角。

影片剪辑对象共有14种属性，涉及对象位置、大小、角度和透明度等属性值，如表10-1所示。

表10-1 对象的属性

属性	含义
alpha	对象的透明度，"0"为全透明，"1"为全不透明
focusrect	是否显示对象矩形外框
height	对象的高度
highquality	用数值定义了对象的图像质量
name	对象的名称
quality	用字符串"Low"、"Medium"、"High"定义图像质量
rotation	对象的放置角度
soundbuftime	对象的音频播放缓冲时间
visible	定义对象是否可见
width	对象的宽度
x	对象在x轴方向上的位置
scaleX	对象在x轴方向上的缩放比例
y	对象在y轴方向上的位置
scaleY	对象在y轴方向上的缩放比例

下面通过具体的实例来讲解如何给影片剪辑的属性赋值。

【实例】快乐垂钓

两个人在享受着垂钓的快乐，不时还会变换一下位置。动画画面效果如图10-7所示。

图10-7 快乐垂钓

【步骤提示】

1. 创建一个新的Flash文档，保存文档名称为"快乐垂钓.fla"。

2. 选择【文件】/【导入】/【导入到库】命

令，将一个名为"垂钓.GIF"的文件导入到库中，如图10-8所示。

图10-8 将图像导入到库

3. GIF文件是一个连续的位图动画，被导入到库中后，会自动生成一个名称为"元件1"的元件，如图10-9所示，其总长度为36帧。

图10-9 自动创建了"元件1"

4. 在舞台上创建2个"元件1"的实例，分别放置在舞台的左右侧。选择左侧的实例对象，在【属性】面板中设置其名称为"fishman1"；同理，设置右侧实例对象的名称为"fishman2"，如图10-10所示。

图10-10 创建两个"元件1"的实例

对象的坐标原点在其左上角。因此，对于 fishman1对象位置的指定，实际上是对其原点的位置指定。也就是说，如果定义对象的坐标为（100，100），那么就是对象的左上角的坐标为（100，100）。

5. 在【时间轴】面板中选择第20帧，按下 <F6>键，插入一个关键帧。

6. 选择第20帧，打开【动作】面板，在脚本窗口输入如图10-11所示代码，设置影片剪辑对象fishman1的x坐标为60，y坐标为120。

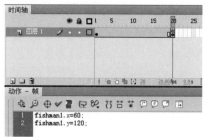

图10-11 在第20帧输入ActionScript代码

7. 同理，在第40帧按下<F6>键，插入一个关键帧。

8. 选择第40帧，在脚本窗口输入如图10-12所示代码，设置对象fishman2的坐标为（230，10）。

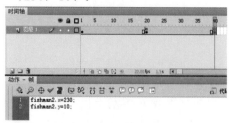

图10-12 第40帧的ActionScript代码

9. 选择【控制】/【测试影片】命令，测试动画，可见首先是fishman1变换了位置，然后fishman2也改变了自己的位置。

10.2.2 随机取值——蝴蝶纷飞

在Flash动画的ActionScript脚本中，经常要用到一些数学函数和公式，这就需要使用Math类了。Math类包含了许多常用数学函数和常数。

- random():Number

  返回一个伪随机数n，其中 $0 \leqslant n < 1$。

- round(val:Number):Number

  将参数val的值向上或向下舍入为最接近的整数并返回该值。

这里，以取随机数为例，说明Math类中方法的使用。

random()是数学类Math的一个方法，能够产生一个0～1之间的随机数，下式可以得到一个0～100之间的随机值。

```
Math.random()*100
```

但是如果用户需要得到一个50～100之间的随机数，该如何得到呢？那就需要如下运算。

```
Math.random()*50+50
```

将Math.random()乘上50就意味着在0～50之间取值；再加上50后，表达式的取值范围就是50～100之间。同理，可以获得任意区间的随机数。

【实例】蝴蝶纷飞

两只舞动的蝴蝶，不停变换着自己的位置、透明度和角度。动画的效果如图10-13所示。

图10-13 蝴蝶纷飞

【步骤提示】

1. 新建一个Flash文件。

2. 导入蝴蝶图片到库中，自动创建"元件1"。

3. 从【库】面板中将图片拖入到"元件1"的编辑窗口。

4. 在舞台上创建"元件1"的2个实例，分别命名为"butterfly1"和"butterfly2"。

5. 在【时间轴】面板上，选择第10帧，插入一个关键帧；在脚本窗口中，为"butterfly1"的位置属性设置随机值，如图10-14所示。

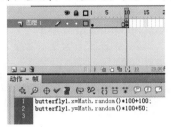

说明：
```
butterfly1.x=Math.random()*200+100;
//定义x坐标值为100~300之间的随机数
butterfly1.y=Math.random()*100+50;
//定义y坐标值为50~150之间的随机数
//一定要注意Math的首字母是大写，而random须
全部小写字母
```

图10-14 利用随机数进行赋值

6. 在第20、30、40帧分别插入关键帧，输入脚本语句，设置两个对象的位置、透明度和旋转角度为随机值，如图10-15所示。

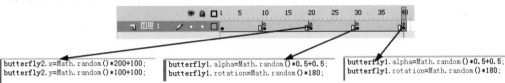

```
butterfly2.x=Math.random()*200+100;
butterfly2.y=Math.random()*100+100;
```
```
butterfly1.alpha=Math.random()*0.5+0.5;
butterfly1.rotation=Math.random()*180;
```
```
butterfly1.alpha=Math.random()*0.5+0.5;
butterfly1.rotation=Math.random()*180;
```

图10-15 设置对象的位置、透明度和旋转角度

 Alpha属性用于定义显示对象的透明度（更确切地说是不透明度），可以取介于0和1之间的任何值，其中0表示完全透明，1表示完全不透明。

7. 测试动画，可见蝴蝶会不停地移动到新的随机位置，并且透明度和角度都会随机变化。

10.2.3 OOP编程——绘制箭头

利用文档类，绘制一个箭头，如图10-16所示。

图10-16 绘制箭头

首先分析一个箭头的坐标位置关系，如图10-17所示。

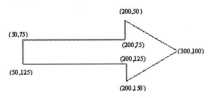

图10-17 箭头的坐标位置关系

【操作提示】

1. 新建一个Flash文件，保存为"Arrow. fla"文件。

2. 设置文档属性如图10-18所示，定义当前文档所包含的文档类为"Arrow"。

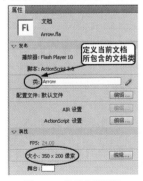

图10-18 设置文档属性

3. 单击 ✐ 按钮，出现一个警告对话框，如图10-19所示。

图10-19 警告对话框

4. 单击 确定 按钮，则创建了一个脚本文件，如图10-20所示。其中包含了系统自动生成的类定义。

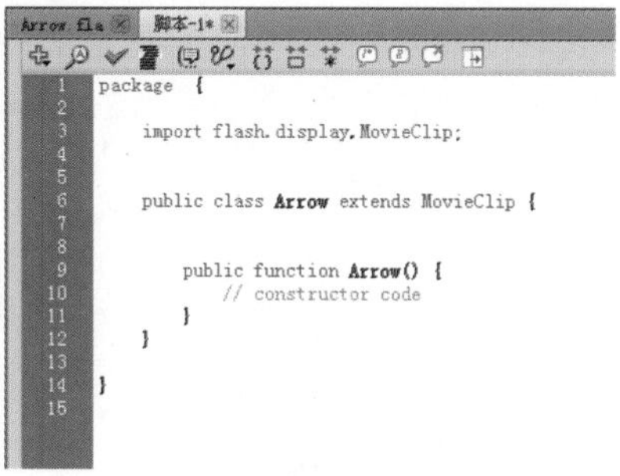

图10-20 自动创建的类定义

5. 在类的构造函数中，输入创建箭头的代码，如图10-21所示。

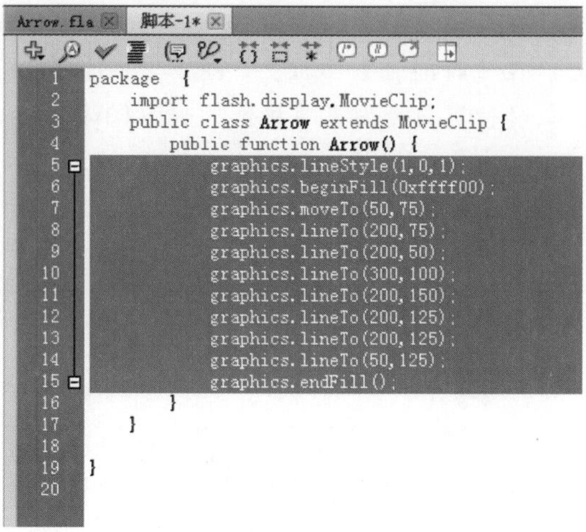

图10-21 输入代码

主要代码说明：

```
package  {                           //包，类的容器
import flash.display.MovieClip;      //导入内置基本类MovieClip
public class Arrow extends MovieClip {         //定义一个类Arrow，其基类为
MovieClip
        public function Arrow() {         //类Arrow的构造函数
                graphics.lineStyle(1,0,1);    //调用Graphics的lineStyle方法
                graphics.beginFill(0xffff00);     //调用Graphics的beginFill方
法
                graphics.moveTo(50,75);           //调用Graphics的moveTo方法
                graphics.lineTo(200,75);          //调用Graphics的lineTo方法
                ......
                graphics.lineTo(50,125);
                graphics.endFill();               //调用Graphics的endFill方法
        }
}
```

> **提示**
> Graphics类包含一组可用来创建矢量形状的方法，支持绘制的显示对象包括Sprite和Shape对象。每个Shape、Sprite和MovieClip对象都具有一个graphics属性，是Graphics类的一个实例。Graphics类包含用于绘制线条、填充和形状的属性和方法。

6. 选择【文件】/【保存】命令，出现如图10-22所示对话框。系统自动将脚本文件保存为ActionScript文件，其文件后缀为".as"，默认文件名与动画文件名称相同。

7. 单击 保存(S) 按钮，则脚本文件被保存。一定要注意文件名要与类名完全一致，包括字母的大小写。

8. 测试动画，就可以看到舞台上绘制了一个箭头。可见，虽然用户没有在舞台上绘制任何东西，但是利用文档类就可以实现图形对象。

图10-22 保存脚本文件

10.3 课堂实训

下面通过几个例子来练习脚本动画的设计方法。

10.3.1 画面跳转——表情变幻

在某种条件下，使动画跳转到特定的画面，这也是动画制作过程中经常要使用的方法。这一般需要使用ActionScript中的跳转语句gotoAndPlay()来实现。

用法：

```
public function gotoAndPlay(frame:Object, scene:String = null):void
```

跳转到指定的帧并继续播放SWF文件。

- frame:Object

  表示播放头转到的帧编号的数字，或者表示播放头转到的帧标签的字符串。如果用户指定了一个数字，则该数字是相对于用户指定的场景的。如果不指定场景，Flash Player使用当前场景来确定要播放的全局帧编号。如果指定场景，播放头会跳到指定场景的帧编号。

- scene:String (default = null)

  要播放的场景的名称。此参数是可选的。

下面的代码使用gotoAndPlay()方法指示mc1影片剪辑的播放头从其当前位置前进5帧：

```
mc1.gotoAndPlay(mc1.currentFrame + 5);
```

下面的代码使用gotoAndPlay()方法指示mc1影片剪辑的播放头移到名为"Scene 12"的场景中标记为"intro"的帧：

```
mc1.gotoAndPlay("intro", "Scene 12");
```

类似的还有gotoAndStop()方法，其功能是跳转到指定的帧，但是要暂停播放。

【实例】表情变幻

表情不断地随机变幻，有高兴、伤心，也有害羞、惊讶。动画的效果如图10-23所示。

图10-23 表情变幻

图10-24说明了动画的设计要点。

【操作提示】

1. 在"图层1"中导入一幅花的图片，用来做动画背景。
2. 在第40帧位置插入帧，将动画长度扩充到40帧。
3. 将几幅表情图片导入到库中。

4. 新建一个图层，选择其第2帧，插入关键帧；然后从库中拖动一个笑脸表情图片到舞台上。

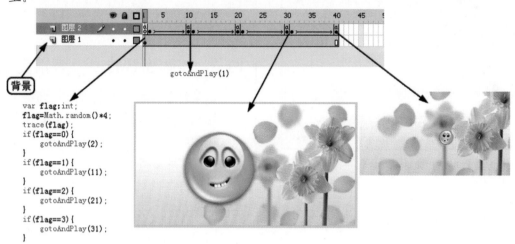

```
var flag:int;
flag=Math.random()*4;
trace(flag);
if(flag==0){
    gotoAndPlay(2);
}
if(flag==1){
    gotoAndPlay(11);
}
if(flag==2){
    gotoAndPlay(21);
}
if(flag==3){
    gotoAndPlay(31);
}
```

图10-24 设计思路分析

5. 选择第10帧，插入关键帧；然后调整笑脸表情图片的大小、位置。

6. 选择第2帧，单击鼠标右键，从快捷菜单中选择"创建传统补间"命令，则创建一个补间动画，如图10-25所示。

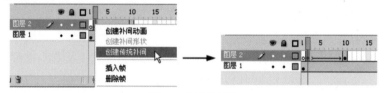

图10-25 创建关键帧

7. 在第11帧插入一个关键帧，删除前面的表情图片，重新从库中拖入另外一个表情图片到舞台上，再创建一个10帧的补间动画。如此类推，创建各补间动画。

8. 在第1帧中添加动作脚本如下。

```
var flag:int;                    //定义一个标志变量，类型为整型
flag=Math.random()*4;           //使变量取值为0～3之间的整数，也即0、1、2
trace(flag);                    //跟踪输出变量的值
if(flag==0){                    //用条件语句判断变量是否等于0
    gotoAndPlay(2);                  //是，则跳转到第2帧
}
if(flag==1){                    //若变量等于1，则跳转到第11帧
    gotoAndPlay(11);
}
if(flag==2){                    //若变量等于2，则跳转到第21帧
    gotoAndPlay(21);
}
if(flag==3){                    //若变量等于3，则跳转到第31帧
    gotoAndPlay(31);
}
```

trace()语句用于跟踪输出变量的值。这在动画的调试中非常有意义，可以使我们时刻了解到变量值的变化。在生成最终作品后，trace()语句就不再输出了。

9. 选择第10帧、第20帧、第30帧和第40帧，分别添加动作脚本"gotoAndPlay(1)"。

10. 测试动画，可以看到，每显示完一个小补间动画后，动画就跳转回到第1帧，重新对变量求值，以决定下次跳转位置。这样，表情就在不断变幻。

10.3.2 事件的响应和处理——追鼠标的飞鸟

在Flash动画作品中，经常需要对一些情况进行响应，如鼠标的运动、时间的变化、用户的操作等，这些情况统称为事件。在ActionScript 3.0中，对于事件类型的区分更加丰富，对于事件的操作也更加复杂一些。一般来说，对于事件的响应都是要通过函数和事件侦听器来实现的。

enterFrame（进入帧）事件是Flash动画中最常用到的事件之一，当动画播放头进入一个新帧时就会触发此事件。如果动画只有一帧，则会按照设定的帧频（默认为12帧/秒）持续触发此事件，在这个事件发生后，系统就会要求所有侦听此事件的对象同时开始相应的事件来处理函数。

下面来设计一个使用enterFrame事件的实例。

在开始设计实例之前，首先来分析一下舞台上两个位置点A（$x1$，$y1$）和B（$x2$，$y2$）之间的坐标关系，如图10-26所示。

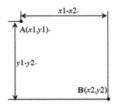

图10-26 舞台上两个位置点之间的坐标关系

A、B两点的水平间距为$x1-x2$，垂直间距为$y1-y2$。若B点向A点靠近，则B点在坐标变化为：

$$x2=x2+(x1-x2)$$
$$y2=y2+(y1-y2)$$

若B点是逐渐向A点靠近，则需要将间距划分为若干小段，然后反复进行位置判断，直至两点位置重合。例如划分为5段，则：

$$x2=x2+(x1-x2)/5$$
$$y2=y2+(y1-y2)/5$$

下面就按照这个算法来设计实例。

【实例】追鼠标的飞鸟

鸟儿喜欢上了鼠标，鼠标移动到哪里，鸟儿就飞到哪里。动画效果如图10-27所示。

图10-27 追鼠标的飞鸟

【操作提示】

1. 创建一个新的动画文件，然后导入一幅图像做背景。

2. 将"鸟儿.GIF"图像导入到库中，自动创建了"元件1"，如图10-28所示。

图10-28 将"鸟儿.GIF"图像导入到库中

3. 将"元件1"拖动到舞台上,设置实例名称为"bird"。

4. 选择第1帧,打开【动作】面板。

5. 在脚本窗口中,输入如图10-29所示的代码。这段代码的作用是判断鸟儿的坐标与鼠标是否一致,若不相同就逐渐变化逼近鼠标位置。

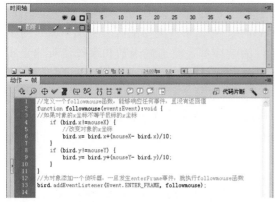

图10-29 使对象向鼠标靠近

6. 测试动画,可以看到不管鼠标移动到哪里,鸟儿都会慢慢地跟随过去。

飞鸟的坐标原点在左上角,所以当飞鸟的左上角到达鼠标位置后,就会停止移动。如果希望是鸟嘴追踪到鼠标位置,可以打开"元件1",对其中的每一个关键帧,调整其中鸟儿位置,使鸟嘴与舞台中心位置基本对齐,如图10-30所示。

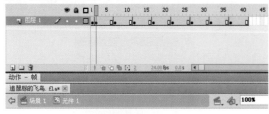

图10-30 调整鸟嘴与舞台中心位置基本对齐

10.3.3 定时器应用——定时画圆

在文档类中,使用定时器,每隔0.5s绘制一个小圆圈,圆圈的大小、位置都是随机的,画面效果如图10-31所示。

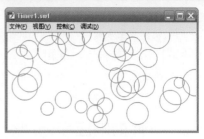

图10-31 定时画圆

【操作提示】

1. 新建一个Flash文件,保存为"Timer1.fla"文件。

2. 设置文档属性如图10-32所示,定义当前文档所包含的文档类为"Timer1"。

图10-32 设置文档属性

3. 单击 ✎ 按钮,出现一个警告对话框,如图10-33所示。

图10-33 警告对话框

4. 单击 确定 按钮,则创建了一个脚本文件,其中包含了系统自动生成的类定义。

5. 保存脚本文件为"Timer.as"。

6. 在类定义中,输入如图10-34所示的代码。

7. 测试文档,就可以看到,每隔500ms,舞台上就会随机出现了一个红色的小圆圈。

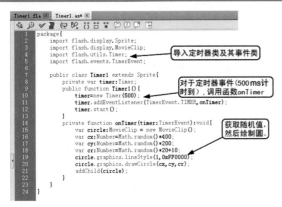

图10-34 输入代码

10.4 综合案例——绿野仙踪

在Flash动画中，经常要显示一些变量的值。在动画调试时，可以使用trace()函数，但是这个函数在真正动画播放时，是不会显示的，所以，一般需要利用动态文本来显示动态数据值。

设计一个动画作品，在一片美丽的原野上，花仙子在快乐地游玩，她的位置不断随机变化，在窗口右上角能够实时显示她的位置。动画效果如图10-35所示。

图10-35 绿野仙踪

如图10-36所示说明了动画的操作要点。

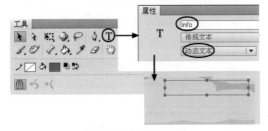

图10-36 操作思路分析

【步骤提示】

1. 创建一个新的文件。

2. 将"绿野.jpg"图像文件导入到库中，然

后将其拖入舞台，设置舞台与图片大小一致（500×358）。

3. 将"仙子.gif"文件导入到库中，自动生成了"元件1"，如图10-37所示。

图10-37 将"仙子.gif"文件导入到库中

4. 将"元件1"拖入舞台，命名其实例的名称为"girl"，如图10-38所示。注意实例的大小为93×138。

图10-38 定义实例名称

5. 选择文本工具 T ，在舞台的右上角绘制一个文本框。

6. 选择文本框，在【属性】面板中，设置文本类型为"动态文本"、实例名称为"info"，并适当设置字体、大小和颜色等属性，如图10-39所示。

图10-39 设置文本框属性

7. 选择【时间轴】上的第1帧,打开【动作】面板,输入如图10-40所示代码,设置实例对象 "girl" 能够随机移动。

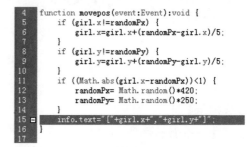

图10-40 设置文本框属性

代码说明:

```
var randomPx:Number= Math.random()*420;        //定义变量在0~420之间随机取值
var randomPy:Number= Math.random()*250;        //定义变量在0~250之间随机取值
function movepos(event:Event):void {           //定义一个函数
  if (girl.x!=randomPx) {                       //如果对象的x坐标不等于随机变量
        girl.x=girl.x+(randomPx-girl.x)/5;      //对象的坐标等于当前坐标加上
    //其与随机变量之差的1/5,这样经过5次函数调用就能够使对象坐标与随机变量的值一致
  }
  if (girl.y!=randomPy) {                       //如果对象的y坐标不等于随机变量
        girl.y=girl.y+(randomPy-girl.y)/5;
    }
    if ((Math.abs(girl.x-randomPx))<1) {        //如果对象与随机变量的值基本相等
    randomPx= Math.random()*420;                //为变量重新取随机值
    randomPy= Math.random()*250;                //为变量重新取随机值
    }
  }
```

```
                                               //进入当前帧就反复调用函数movepos,从而实现对象的随机运动
girl.addEventListener(Event.ENTER_FRAME, movepos);
```

 变量的取值范围,是根据舞台大小与对象大小而定的。因为对象的位置原点在其左上角,为使其能够完全显示在舞台上,应设置坐标变量最大值为(X舞台—X对象,Y舞台—Y对象)。

8. 现在测试动画,可见花仙子已经能够随机运动了。

9. 为了显示对象的位置值,在movepos函数中添加一条代码,用于在info中显示变量的值,如图10-41所示。

 对于文本的赋值,可以将字符串和变量的混合应用,用 "+" 号将它们连接起来。注意字符串必须用 " " 标识出来。

图10-41 在info中显示变量的值

10. 测试动画，会发现文本框显示的值有1~2位的小数位，如图10-42所示。

11. 为了取得整数位，在代码中添加一个函数，对位置值进行取整运算，取消小数位；同时，修改显示坐标值的代码，调用这个函数，以便使用整数的形式显示坐标值，如图10-43所示。

图10-42 文本框显示的值有小数位　　　　　　　图10-43 函数的定义和调用

代码说明：

```
……
//调用函数对坐标值取整
info.text="["+showvalue(pkq.x)+","+showvalue(pkq.y)+"]";
……
//定义一个函数showvalue，输入参数为Number类型，输出也是Number类型
function showvalue(somevalue:):Number
{
  var temp:int;                    //定义一个整型的临时变量
  temp=Math.round(somevalue*10);   //调用 Math.round()函数，对变量取整
  return(temp);                    //函数返回一个Number值
}
……
```

12. 再次测试动画，可见这时文本框中显示的对象的坐标位置为整数了。

在Flash CS5中有许多动作语句和函数，全部熟记是很困难的，也是不必要的，因为Flash CS5提供了丰富的在线帮助信息，供读者在使用时参考。从【帮助】菜单中选择【Flash帮助】命令，会出现Flash CS5的【帮助】面板，其中不仅有Flash常用功能的帮助，还有Action-Script 2.0/3.0的语言参考等内容。

ActionScript是Flash的精髓，是Flash动画精妙绝伦的根源，它的内容非常丰富，希望读者通过认真学习和反复练习，最终能够很好地掌握这个强大的设计工具。

10.5 课后作业

1. 试修改范例"快乐垂钓"，使对象的位置随机变化。
2. 试修改范例"绿野仙踪"，使文本框显示的坐标值带有一个小数位。
3. "四季的水果我都爱，拿来一个猜一猜"，试设计一个能够随机显示水果图片的动画"水果秀"，效果如图10-44所示。每个画面能够停留片刻，并且用文本说明当前水果的

名称。

图10-44　水果秀

4.　"情绪如风，难觅其踪；嬉笑哀乐，俱由心生"，试设计动画"心情"，效果如图10-45
　　所示。圆脸图像随机地从一个位置移动到另外一个位置，同时表情也不断地发生变化。

图10-45　心情

5.　使用文档类，绘制一个多彩小树，效果如图10-46所示。

图10-46　多彩小树

第11讲 交互式动画

ActionScript可以使Flash CS5产生奇妙的动画效果，但是这并不是ActionScript的全部，它更重要的作用是使动画具有交互性。这种交互性提供了用户控制动画播放的手段，使用户由被动的观众变为主动的操作者，可以根据需要播放声音、操纵对象、获取信息等。正是这种交互性，使得Flash在动画设计上更加灵活方便，也使它能够实现其他动画设计工具所未能企及的功能。

【本讲课时】

本讲课时为4小时。

【教学目标】

● 理解交互的概念。

● 了解按钮的结构。

● 掌握动画的控制。

● 掌握对象的拖放和复制。

11.1　功能讲解

Flash具有强大的编程能力，其动画形式、设计方法千变万化。动画交互控制有很多种方式，针对不同的情况，需要使用不同的交互手段来实现动画效果。下面首先来了解交互、按钮和控制的基本概念。

11.1.1　交互的概念

如果读者使用过多媒体软件（教学或娱乐）的话，对"交互"的概念就不会太陌生。所谓"交互"，就是由用户利用各种方式，如按钮、菜单、按键、文字输入等，来控制和影响动画的播放。交互的目的就是使计算机与用户进行对话（操作），其中每一方都能对另一方的指示做出反应，使计算机程序（动画也是一种程序）在用户可理解、可控制的情况下顺利运行。

交互式动画是指在动画作品播放时支持事件响应和交互功能的一种动画，也就是说，动画播放时可以接受用户控制，而不是像普通动画一样从头播到尾。交互的实现一般是利用鼠标对按钮的操作来完成的，此外也可以通过键盘事件来响应。

为了使读者对交互式动画有一个直观的认识。读者可以打开本书配套资源中的动画文件"snip-frame_by_frame.swf"，这是早期的Flash 5所带的范例。播放该动画，如图11-1所示。这是一个典型的交互式动画，可以利用按钮控制动画的播放、暂停或逐帧变化。

图11-1　交互式动画

那么，这种交互动作是如何实现的呢？它是通过一系列的ActionScript代码来实现

的。利用ActionScript的函数、方法和时间，能够方便地为动画添加交互功能。

动作语句的调用必须在某种事件的触发下进行，而且这种事件一般是由用户的操作触发的。这里所谓的事件，实际上就是用户对动画的某种设定或交互。动画帧只有一种事件，即被载入（播放）时，其中的动作脚本（如果有的话）就能够得到执行。相对而言，对象（按钮或影片剪辑）的事件就丰富了许多。

11.1.2　鼠标的事件

对象的事件，一般都来源于用户的操作，而这种操作，大多是利用鼠标或键盘来实现的。因此，首先来了解一下常用的鼠标操作事件。

在Flash CS5的ActionScript 3.0中，鼠标一般具有表11-1所示的事件。

表11-1　鼠标事件及含义

事件名称	说明
CLICK	鼠标左键在对象上单击的事件
DOUBLE_CLICK	鼠标左键在对象上双击的事件
MOUSE_DOWN	鼠标左键在对象上被按下的事件
MOUSE_UP	鼠标左键在对象上被松开的事件
MOUSE_MOVE	鼠标移动的事件
MOUSE_OUT	鼠标离开对象的事件
MOUSE_OVER	鼠标移动到对象上的事件

下面通过一个实例来说明鼠标的各种事件。

创建一个影片剪辑对象，使之能够对各种鼠标事件进行响应，并在一个文本框中显示鼠标事件的名称,如图11-2所示。

图11-2　鼠标事件

【步骤提示】

1.　新建一个Flash文档。

2. 选择【插入】/【新建元件】命令，创建一个“影片剪辑”类型的元件“元件1”。
3. 在“元件1”中，绘制一个矩形框，如图11-3所示。矩形的色彩、边框线的样式，都可以根据读者的喜好选择。

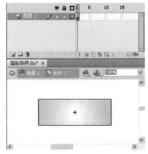

图11-3 绘制一个矩形

4. 返回“场景1”中，将“元件1”拖入舞台，在【属性】面板中，设置实例名称为“mc”，如图11-4所示。

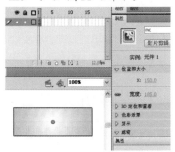

图11-4 设置实例名称为“mc”

5. 使用T工具创建一个静态文本框，输入文本“理解按钮事件”。
6. 再创建一个文本框，设置为“动态文本”，实例名称为“info”，如图11-5所示。

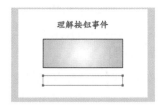

图11-5 创建一个动态文本框

7. 选择【时间轴】窗口中的第1帧，打开【动作】面板，输入代码如图11-6所示。

```
1  mc.addEventListener(MouseEvent.MOUSE_OVER, mouseOverHandler);
2  mc.addEventListener(MouseEvent.MOUSE_OUT, mouseOutHandler);
3  mc.addEventListener(MouseEvent.MOUSE_DOWN, mouseDownHandler);
4  mc.addEventListener(MouseEvent.MOUSE_UP, mouseUpHandler);
5  mc.addEventListener(MouseEvent.CLICK, mouseClickHandler);
6
7  function mouseClickHandler(event:MouseEvent):void {
8      info.text="鼠标单击";
9  }
10 function mouseOverHandler(event:MouseEvent):void {
11     info.text="鼠标进入";
12 }
13 function mouseOutHandler(event:MouseEvent):void {
14     info.text="鼠标离开";
15 }
16 function mouseDownHandler(event:MouseEvent):void {
17     info.text="鼠标按下";
18 }
19 function mouseUpHandler(event:MouseEvent):void {
20     info.text="鼠标松开";
21 }
```

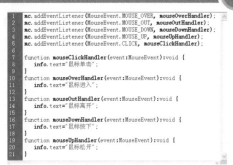

代码说明：
行1~5：为按钮增加侦听器，检测鼠标的各种事件，若事件发生，就调用对应的数；
行7：自定义函数，响应鼠标单击事件；
行8：设置文本框info的文本内容。

图11-6 输入脚本代码

8. 测试动画。可以看到，当鼠标进行各种操作时，相应的输出信息就会在“输出”文本框中显示出来。

11.1.3 按钮的结构

按钮是交互式动画的最常用控制方式。在Flash中，按钮是作为一个元件来制作的。下面通过案例来了解一下按钮的结构。

【操作提示】

1. 创建一个新的Flash文档。
2. 选择【插入】/【新建元件】命令，创建一个“按钮”类型的元件，如图11-7所示。

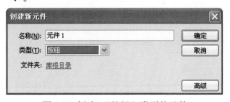

图11-7 创建 “按钮”类型的元件

3. 单击 确定 按钮，就能够创建一个按钮元件；从元件的时间轴上，可以看到该按钮的结构，如图11-8所示。

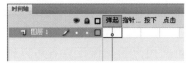

图11-8 按钮的4帧时间轴结构

可以看到，Flash CS5的按钮有一个4帧

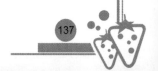

的时间轴，分别表示按钮在【弹起】、【指针经过】、【按下】和【点击】状态下的外观。这说明，按钮实际上是一个可交互的影片剪辑，不过它的时间轴并不能直接播放，而是根据鼠标的操作跳转到相应的帧上。

> 【点击】状态定义了操作按钮的有效区域，即可以对按钮进行操作的区域，它在动画中不显示。如果内容为空，则以按钮【弹起】状态下的图形区域为有效区域。

4. 在【弹起】状态帧中绘制一个渐变填充的椭圆，如图11-9所示。

图11-9 在【弹起】状态帧中绘制椭圆

5. 在其他各状态帧分别按<F6>键，插入关键帧，然后根据需要分别修改各帧图形的颜色，甚至形状也可以任意修改，如图11-10所示。

图11-10 修改各帧的椭圆

6. 返回"场景1"中，将制作的按钮元件拖入舞台中。测试动画，可以看到当按钮处在不同的状态下时，表现出不同的外观。

可见，按钮的结构很简单，但是它能够很好地响应用户的操作。读者可以根据需要设计不同的按钮，在各状态帧中添加文字、光影和声音等效果。

> 实际设计按钮时，一般不需要在【点击】状态帧建立什么内容。

为了方便用户的使用，Flash CS5系统自带了一个公用按钮库。在系统菜单中选择【窗口】/【公用库】/【按钮】命令，就能够打开公用按钮库，如图11-11所示。

选择其中的一个按钮，拖入到舞台，就能够使用。图11-12所示是一个按钮的结构。可见，在设计按钮时不仅可以在不同状态帧中绘制图形，还可以添加图层，进行更复杂的设计。

图11-11 公用按钮库　　　图11-12 多层的按钮结构

11.2　范例解析

交互的概念不难理解，但是重点的是如何在Flash中实现这种交互。在Flash动画中，最常用的交互操作就是控制动画的播放和停止。利用按钮能够很方便地实现这个功能。

11.2.1　控制动画播放——飞翔的小鸟

对于主时间轴动画和影片剪辑来说，其动画的播放控制语句略微有所不同。下面通过具体实例来说明。

一、控制主时间轴动画的播放

所谓主时间轴动画，是指直接在动画的主时间轴上建立的补间动画或逐帧动画。利用stop()语句和play( )语句可以直接控制这种动画。

本节通过实例来了解一下主时间轴动

画：原野上，一只小鸟翩翩飞翔，时远时近。利用画面上的按钮，可以控制小鸟的飞翔，画面效果如图11-13所示。

图11-13 飞翔的小鸟

1. 创建一个新的Flash文档。

2. 导入一幅图片到舞台，并设置舞台大小与图片大小相同，使图片能够完全覆盖舞台。

3. 修改"图层1"的名称为"背景"。

4. 选择第60帧，按下<F5>键，将动画延长到60帧。

5. 新建一个"影片剪辑"类型的元件"飞鸟"。

6. 在"飞鸟"的编辑状态下，将一个小鸟飞翔的文件"鸟.gif"导入到舞台。

7. 回到【场景1】，在【时间轴】面板中，单击📷按钮，添加一个新层，将图层名称修改为"飞鸟"。

8. 将元件"飞鸟"拖入到舞台中，放置在舞台左侧，创建一个"飞鸟"元件的实例对象，如图11-14所示。

图11-14 将元件"飞鸟"拖入到舞台

9. 选择"飞鸟"层的第1帧，单击鼠标右键，从快捷菜单中选择"创建补间动画"命令，如图11-15所示。

图11-15 增加引导层

10. 选择第60帧，然后将"飞鸟"实例对象拖动到舞台的右侧，则创建了一条运动路径，如图11-16所示。

图11-16 创建一条运动路径

11. 在第20帧插入一个关键帧，然后拖动对象到舞台上方的某个位置，如图11-17所示。

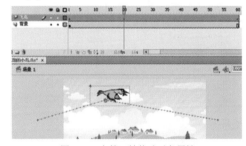

图11-17 在第20帧修改对象属性

12. 同理，在第60帧增加一个关键帧。拖动实例图片，使其移动到舞台靠下的位置，如图11-18所示。

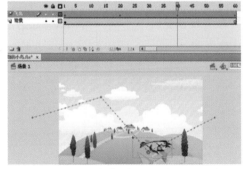

图11-18 在第40帧修改对象属性

13. 使用 ➤ 工具和 ➤ 工具，修改路径，使其比较光滑，如图11-19所示。

图11-19 使路径光滑

14. 选择各关键帧，再选择实例对象，调整图片的旋转角度和缩放比例，使对象能够沿路径飞翔，并且呈现远小近大的效果，如图11-20所示。

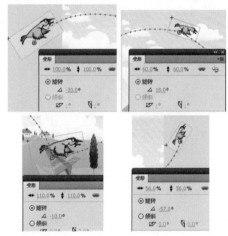

图11-20 调整各关键帧中图片的旋转角度和缩放比例

15. 测试动画，可以看到飞鸟沿着设置好的路径翩翩飞翔。

16. 下面要用按钮来控制小鸟的飞翔。打开公用按钮库，从"playback flat"文件夹中选择"flat blue play"按钮元件，这是一个带有播放标志的按钮元件。将它拖动到"背景"层的第1帧中。

17. 再选择该文件夹下的"flat blue stop"按钮元件，这是一个带有停止标志的按钮元件，将它也拖动到"背景"层的第1帧中，如图11-21所示，这样建立了两个用于控制播放和停止的按钮。

图11-21 添加控制按钮

18. 在【属性】面板中，分别定义两个按钮的名称为"playBtn"和"stopBtn"，如图11-22所示。

图11-22 定义两个按钮的名称

19. 选择"背景"层的第1帧，打开【动作】面板。在脚本窗口输入控制动画播放的代码，如图11-23所示。

图11-23 在脚本窗口输入控制动画播放的代码

主要代码说明：

行1：定义一个函数playMovie，使其能够接收鼠标事件；

行3：调用play()函数，开始当前动画播放；

行5：为playBtn按钮添加一个侦听器，监听发生在其上的鼠标单击事件；若鼠标单击该按钮，则调用playMovie函数。

> 提示 this是表示"当前对象"的特殊名称。用在时间轴上，就表示当前时间轴对象。

20. 测试动画，可见小鸟翩翩飞翔。单击 按钮，则小鸟就会停止在空中；再单击 ▶ 按钮，则小鸟继续飞翔。

21. 保存文件为"飞鸟翩翩"。

二、控制元件的播放

在上面的例子中，单击 ■ 按钮，小鸟会停止飞翔，但仍然不停地挥动翅膀。可见，在主时间轴上使用play()语句和stop()语句可以控制主时间轴上动画的播放和暂停，但是无法控制舞台上引用的影片剪辑元件的实例。那么，该如何控制这种元件实例的播放呢？这就需要对其单独进行控制了。

下面在前面例子的基础上，说明如何对小鸟翅膀挥动进行控制。

1. 在"飞鸟"图层的第1帧，选中实例图片，定义实例名称为"bird"，如图11-24所示。

图11-24 定义左侧实例名称

2. 选择"背景"层第1帧，然后打开【动作】面板，在脚本窗口中增加一条代码，如图11-25所示。其作用是使对象"bird"停止播放。

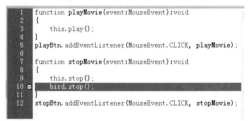

图11-25 使对象"bird"暂停播放

3. 测试动画，单击按钮，会发现小鸟不

仅停止了向前飞翔，其翅膀的挥动也停止了。单击▶按钮，小鸟开始向前飞翔，但是其翅膀仍然不动。这说明对影片剪辑元件实例的控制需要专门指出其名称。

4. 在脚本窗口中再增加一条代码，如图11-26所示，用以控制元件的播放。

图11-26 控制元件的播放

提示 如果读者搞不清楚该如何选择对象（特别是在对象多层嵌套的情况下），可以利用⊕（插入目标路径）按钮来帮忙。如图11-27所示。

图11-27 使用【插入目标路径】按钮

11.2.2 对象拖放——失落的圆明园

对象的拖动是Flash作品中经常用到的一种操作，例如拼图练习、打靶游戏等。利用ActionScript能够轻松实现这种功能。

一、startDrag函数

```
startDrag(lockCenter:Boolean = false, bounds:Rectangle = null)
```

（1）作用

- 允许用户拖动指定的对象。该对象将一直保持可拖动，直到通过调用stopDrag()方法来明确停止，或直到将另一个对象变为可拖动为止。在同一时间只有一个对象是可拖动的。

（2）参数

- lockCenter:Boolean (default = false)——指定是将可拖动的对象锁定到鼠标位置中央(true)，还是锁定到用户首次单击该对象时所在的点上(false)，默认值为false。

- bounds:Rectangle (default = null)——相对于对象父级的坐标的值，用于指定对象约束矩形，默认值为无。

二、stopDrag函数

结束startDrag()的方法。

下面用一个例子说明对象拖放的控制方法。

人类世界的瑰宝、中华民族的骄傲，美丽的圆明园，在侵略者的烈火中永远消逝了。梦中回眸，在平凡的风景中，有一个神奇的视窗，透过它，还能够看到那失落的大观。

在这个动画中，当按下鼠标，就能够拖动一个圆形的观察窗口，松开鼠标，窗口停止；单击放大镜，能够放大观察窗口。动画的效果如图11-28所示。

图11-28　失落的圆明园

1. 创建一个新的Flash文档。
2. 选择【插入】/【新建元件】命令，创建一个"影片剪辑"类型的元件，名称为"背景"，如图11-29所示。

图11-29　新建一个元件

3. 单击 ▢确定 按钮，进入元件编辑状态。导入一幅背景图片导入到舞台上，如图11-30所示。

图11-30　导入背景图片

4. 选择【插入】/【新建元件】命令，创建一个"影片剪辑"类型的元件，名称为"观察窗"。
5. 在"观察窗"中绘制一个圆形，如图11-31所示。

图11-31　导入鲜花图片

提示　图形用什么颜色都可以，只要是有一个图形在这里就可以了。当其处于遮罩层中，所有有图形的地方都会透明的。

6. 再创建一个"按钮"类型的元件"放大"；导入一幅放大镜图片到其舞台上，使按钮各帧中图片的位置有一些变化，并添加不同色彩的文字，这样就能够体现鼠标操作的效果，如图11-32所示。

图11-32　绘制一个类似放大镜的黑色图形

7. 返回"场景1"中，选择"图层1"的第1帧，从库中将"背景"元件拖入到舞

台；调整元件实例的大小，使其与舞台大小一致。

8. 定义该实例的名称为"back"，如图11-33所示。

9. 将"放大"元件拖入到舞台左下角，定义实例名称为"big"，如图11-34所示。

图11-33 定义实例名称　　图11-34 定义元件实例名称

10. 在【时间轴】面板加"图层2"。

11. 选择"图层2"的第1帧，然后将一幅圆明园图片导入到舞台上，如图11-35所示。

12. 再添加一个新的图层"图层3"，选择其第1帧，然后从库中将"观察窗"元件拖入舞台。如图11-36所示。

图11-35 导入图片　　图11-36 将"观察窗"拖入舞台

13. 选择"观察窗"元件的实例，命名为"view"，如图11-37所示。

14. 在"图层3"上，单击鼠标右键，弹出快捷菜单，如图11-38所示。

图11-37 命名实例　　图11-38 快捷菜单

15. 选择"遮罩层"命令，则"图层3"成为"图层2"的遮罩层，如图11-39所示。这时，【时间轴】面板的两个图层的图标已经发生了变化，同时，舞台上"图

层2"的内容只能透过"图层3"中的对象来观看。

图11-39 "图层3"成为"图层2"的遮罩层

16. 选择"图层1"的第1帧，打开【动作】面板，在脚本窗口输入如图11-40所示代码，用于控制观察窗的拖放。

图11-40 输入代码

主要代码说明：

行1：定义一个函数；

行2：开始拖动view对象；

行4：鼠标按下时，开始调用函数moveView；

行7：停止拖动view对象；

行9：鼠标松开时，开始调用函数stopView。

17. 测试动画，可以看到，圆明园图片被遮挡，只有透过观察窗才能够看到。在观察窗上按住鼠标左键，就能够拖动窗口；松开鼠标，窗口就停止拖动。

18. 为了使"放大"按钮能够起到放大观察窗的效果，需要再添加一些代码，如图11-41所示。

图11-41 使用按钮放大观察窗

主要代码说明：

行11：定义一个函数；

行12~13：设置对象在X、Y方向的比例是当前比例的1.2倍；

行15：当鼠标按下时，开始调用函数bigView。

19. 再次测试动画，单击放大镜按钮，就能够将观察窗放大。

20. 至此，动画设计完成，保存作品。

11.2.3 按钮操作——交互图册

利用按钮来控制对象的运动或位置，也是Flash作品中常见的交互方法。本例利用两个按钮控制图片的切换，效果如图11-42所示。

图11-42 交互图册

1. 创建一个新的Flash文档。

2. 选择【文件】/【导入】/【导入到库】命令，将5幅图片导入到库中。

3. 在库面板中，双击一个图片对象，打开其属性窗口，如图11-43所示。可见，图片大小为400×220。图片的长度数值将是脚本设计需要用到的参数。

图11-43 查看图片属性

4. 选择【插入】/【新建元件】命令，创建一个"影片剪辑"类型的元件，名称为"元件1"。

5. 打开"元件1"，将5幅图片拖入到舞台

上，并列对齐放置；然后将它们组合，并设置右对齐，如图11-44所示。

图11-44 图片组合并右对齐

6. 回到"场景1"，设置舞台的大小属性如图11-45所示。

图11-45 设置舞台大小

7. 修改"图层1"的名称为"背景"。在其第1帧上绘制一个矩形，使用淡蓝色放射填充；然后用文本工具输入"交互图册"。

8. 从公用按钮库中选择"playback rounded"下的两个按钮拖入到舞台，设置按钮的名称分别为"BackBtn"和"PlayBtn"，如图11-46所示。

图11-46 创建背景并添加按钮

9. 添加一个新的图层，命名为"图片"；从库中将"元件1"拖入第1帧的舞台中，使其右侧与舞台左侧对齐，定义其实例名称为"pic"，如图11-47所示。

图11-47 在舞台上添加图片对象

10. 创建一个新的图层，命名为"动作"，在第1帧的动作窗口中，输入如图11-48所示代码，用两个按钮控制图片对象的

位置。

```
1   var i = 0;
2   PlayBtn. addEventListener(MouseEvent.CLICK, playHandler);
3   BackBtn. addEventListener(MouseEvent.CLICK, backHandler);
4
5   function playHandler(event:MouseEvent):void
6   {
7       i++;
8       if (i > 5)
9       {
10          i = 1;
11      }
12      showpic();
13  }
14  function backHandler(event:MouseEvent):void
15  {
16      i--;
17      if (i < 0)
18      {
19          i = 5;
20      }
21      showpic();
22  }
23  function showpic():void
24  {
25      pic.x= 400*i;
26      trace(pic.x,i);
27  }
```

动作 : 1

图11-48 用按钮控制图片对象的位置

主要代码说明：

行1：定义变量i，用于记录要显示第几个图片。此变量一定要是全局变量，以便能够在各个函数中公用并赋值；

行2~3：对于按钮，增加对于其鼠标单击事件的侦听器以及响应函数入口；

行5：处理PlayBtn按钮的鼠标事件；

行12：调用自定义函数；

行14：处理BackBtn按钮的鼠标事件；

行23：自定义的调整图片位置的函数；

行25：pic对象的x位置值由单幅图片宽度值400与变量i的乘积来决定；

行26：跟踪对象的位置值和变量i。这在代码调试时非常有用。

11. 测试作品，可以看到单击任意按钮，都会有图片出现，其显示顺序不同。同时，在【输出】窗口，也能够看到对象的位置值和变量i的值。

11.3 课堂实训

前面已经介绍了交互式动画的概念，并结合范例说明了交互式动画的实现方法，如动画控制、对象的拖放等，下面再通过几个实训加深对这些知识的理解。

11.3.1 鼠标控制——跳动的精灵

在著名的"麦田怪圈"上，一个舞动的精灵左右跳动；在精灵上单击鼠标左键，它就站在原地跳舞；再次单击鼠标，精灵又开始左右跳动。效果如图11-49所示。

图11-49 跳动的精灵

【步骤提示】

1. 新建一个文件，导入一个带有"麦田怪圈"的图像做背景。

2. 创建一个"影片剪辑"类型的元件，导入"精灵.swf"图像到元件的舞台上，如图11-50所示。

3. 返回"场景1"，增加一个图层"图层2"，将影片剪辑元件拖入新图层第1帧的舞台上，命名元件实例名称为"sprite"。

4. 选择实例对象，从【动画预设】面板中选择"默认设置"文件夹中的"波形"，将其应用到实例对象上，创建一个左右移动的波动动画效果，如图11-51所示。

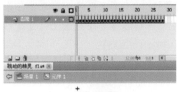

图11-50 创建元件并导入图像

图11-51 应用波形动画效果

5. 添加一个新的图层"图层3"。因为预设动画的关键帧不能添加脚本代码，所以这里必须添加一个新的图层。

6. 选择"图层3"的第1帧，添加脚本代码，如图11-52所示。

代码说明：

行1：定义标志变量，用于控制对象的播放或停止；

行2：自定义函数，对鼠标事件进行响应；

行3：如果变量 *flag* 为1，则停止播放时间轴动画；否则，开始播放；

行8：对标志变量取反；

行10：为对象增加侦听器，若发生鼠标单击事件，则调用control函数。

图11-52 为对象添加鼠标单击事件

7. 测试作品，可以看到，在小精灵上单击鼠标，它就只能在原地跳动；再单击鼠标，它又开始左右跳动。

11.3.2 遮罩动画——小镇雾景

在这个动画里，一个雾气笼罩的风景小镇，一个缓慢旋转的万花筒，透过这个万花筒，就能够看到小镇美丽的风貌。动画效果如图11-53所示。

图11-53 小镇雾景

思路分析：

(1) 创建一个旋转的万花筒。

(2) 创建风景小镇的元件。

(3) 使用遮罩技术将万花筒设置为风景小镇的观察窗口。

(4) 在前景中的风景小镇设置为半透明。

【步骤提示】

1. 创建一个命名为"前景"的影片剪辑元件，在其中导入一幅风景图片，如图11-54所示。

图11-54 导入风景图片

2. 创建一个命名为"元件1"的影片剪辑元件，在其中绘制1个六角图形，色彩选择红色，如图11-55所示（这里选择什么色彩都对动画的实现无任何影响）。

图11-55 绘制六角图形

3. 创建一个命名为"元件2"的影片剪辑元件，将"元件1"拖入其舞台，然后建立一个补间动画，如图11-56所示。

图11-56 创建旋转的万花筒

4. 选择第30帧，再选择实例对象，将其旋转360°，如图11-57所示。这样，该补间动画就会产生旋转一周的效果。

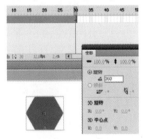

图11-57 将对象旋转360°

5. 返回"场景1"中，将元件"前景"拖入舞台，与舞台居中对齐，设置其【Alpha】为25%，定义实例名称为"back"，如图11-58所示。这就产生了一个朦胧的雾气效果。

6. 添加"图层2"，然后再次将"前景"元件拖到舞台，与舞台居中对齐，如图11-59所示。不需要设置其【Alpha】值，这是一个清晰的图片。

图11-58 设置朦胧前景效果

图11-59 在"图层2"添加清晰图片

7. 添加"图层3"，将元件"元件2"拖入舞台，设置其实例名称为"view"。

8. 设置"图层3"为遮罩层，如图11-60所示。

图11-60 设置"图层3"为遮罩层

9. 在"图层1"的第1帧中，创建动作脚本，如图11-61所示。

```
1  function moveView(event:MouseEvent):void {
2      view.startDrag(true);
3  }
4  back.addEventListener(MouseEvent.MOUSE_DOWN, moveView);
5
6  function stopView(event:MouseEvent):void {
7      view.stopDrag();
8  }
9  back.addEventListener(MouseEvent.MOUSE_UP, stopView);
```

图11-61 创建动作脚本

代码说明：

行1：自定义函数，响应鼠标事件；

行2：设置对象view可以拖动；

行4：为对象back添加侦听器，检测其上鼠标按下事件，一旦发生，调用函数moveView；

行7：设置对象view不能拖动；

行9：检测back上的鼠标弹起事件。

这样，当拖动这个旋转的万花筒时，就可以透过前面的迷雾，清晰地看到美丽的小镇风景。

11.3.3 位置控制——缓动的图片

在11.2.3节的实例中，图片位置的变化是瞬间完成，看不到图片的移动效果。但是有时需要为图片的切换添加一些效果，例如渐变、缓动等。下面就在前面实例的基础上，通过代码来实现图片的缓动效果。

当用户单击按钮，图片会有一个明显的位置变化，也就是有一个缓动的过程。动画效果如图11-62所示。

图11-62 缓动的图片

思路分析：

(1) 使图片缓动有不同的方法，这里采用添加定时器的方法，其优点是可以控制图片运动的速度；

(2) 定义一个全局性的定时器；

(3) 在每个按钮的单击事件响应函数中添加定时器侦听器；

(4) 在定时器处理函数中，将pic对象当前坐标向下一坐标逐渐靠拢。

【步骤提示】

1. 将文件"交互图册.fla"另存为"交互图册（缓动效果）.fla"。

2. 不需要对舞台对象进行任何调整，只需要打开"动作"层的第1帧的动作窗口，

添加一些脚本语句，如图11-63所示。

```
1  var i = 0;
2  var timer:Timer;
3  timer = new Timer(10);
4  timer.start();
5
6  PlayBtn.addEventListener(MouseEvent.CLICK, playHandler);
7  BackBtn.addEventListener(MouseEvent.CLICK, backHandler);
8
9  function playHandler(event:MouseEvent):void
10 {
11     timer.addEventListener(TimerEvent.TIMER, onTimer);
12     i++;
13     if (i > 5)
14     {
15         i = 1;
16     }
17 }
18 function backHandler(event:MouseEvent):void
19 {
20     timer.addEventListener(TimerEvent.TIMER, onTimer);
21     i--;
22     if (i < 0)
23     {
24         i = 5;
25     }
26 }
27
28 function onTimer(timer:TimerEvent):void
29 {
30     pic.x= pic.x+(400*i-pic.x)/10;
31     trace(pic.x,i);
32 }
```

图11-63 创建动作脚本

新添加的代码说明：

行2：定义一个定时器变量；

行3：设置定时器变量的触发间隔为10ms；

行4：启动定时器；

行11、20：添加侦听器，检测定时器触发事件，一旦触发，就调用函数onTimer；

行28：自定义函数，响应定时器触发事件；

行30：pic对象的目标坐标是400*i，要经过10次调用才最终达到。

3. 测试作品，现在就能够实现图片的缓动效果了。

11.4 综合案例——五彩飞花

在Flash CS5中，可以利用复制的方法，使影片播放时，产生许多相同对象，从而实现雨雪、气泡等效果。下面首先了解几个重要的概念和方法。

一、动态创建元件实例

在Flash中向屏幕中添加内容的一个方法是将资源从库中拖放到舞台上，这种方法最简便直观，但对于一些需要在动画播放期间动态添加元件实例的情况，这种方法就不适用了。此时就需要考虑用ActionScript来创建实例。

默认情况下，Flash文档库中的影片剪辑

元件实例不能以动态方式创建，也就是说不能使用ActionScript创建。因此，为了使元件可以在ActionScript中使用，必须指定为ActionScript导出该元件。后面将结合实例说明导出元件定义的方法。

这种动态创建元件实例的方法具有多个优点：代码易于重用、编译时速度加快，可以在ActionScript中进行更复杂的修改。

二、创建对象实例

在ActionScript中使用对象之前，要确定该对象首先必须存在。创建对象的步骤之一是声明变量，然而，声明变量仅仅是在计算机的内存中创建一个空位置。必须首先为变量指定实际值，即创建一个对象并将它存储在该变量中，然后再尝试使用或处理该变量。创建对象的过程称为对象"实例化"。也就是说，创建特定类的实例。

有一种创建对象实例的简单方法完全不必涉及ActionScript。在Flash中，当将一个影片剪辑元件、按钮元件或文本字段放置在舞台上，并在【属性】面板中为其指定实例名时，Flash会自动声明一个拥有该实例名的变量、创建一个对象实例并将该对象存储在该变量中。但是对于要动态创建的对象，必须使用new运算符来声明。

要创建一个对象实例，应将new运算符与类名一起使用，如以下两行代码。

```
var raceCar:MovieClip = new MovieClip();    //声明一个影片剪辑类型的变量
var birthday:Date = new Date(2006, 7, 9);   //声明一个日期类型的变量
```

通常，将使用new运算符创建对象称为"调用类的构造函数"。"构造函数"是一种特殊方法，在创建类实例的过程中将调用该方法。当用此方法创建实例时，需要在类名后加上小括号，有时还可以指定参数值。

对于可使用文本表达式创建实例的数据类型，也可以使用new运算符来创建对象实例。例如以下两行代码。

```
var someNumber:Number = 6.33;
var someNumber:Number = new Number(6.33);
```

上面的两行代码执行的是相同的操作。

三、addChild ()方法

在ActionScript 3.0中，当以编程方式创建影片剪辑（或任何其他显示对象）实例时，只有通过对显示对象容器调用addChild()或addChildAt()方法将该实例添加到显示列表中后，才能在屏幕上看到该实例。允许用户创建影片剪辑、设置其属性，甚至可在向屏幕呈现该影片剪辑之前调用方法。

```
public function addChild(child:DisplayObject):DisplayObject
```

下面通过一个综合案例来说明这些概念和方法。

在美丽的原野中，每次单击鼠标，就会有一个花朵从鼠标位置飞出，然后随机摇摆着飘落。动画效果如图11-64所示。

图11-64 五彩飞花

【处理鲜花】

1. 创建一个新的Flash文档，设置舞台背景颜色为灰色。

2. 将名为"花.jpg"的图片导入到【库】面板中。这是一个图片格式的鲜花图像。

3. 创建一个名称为"分散花"，类型为"图形"的元件。

4. 从库中将"花.jpg"图片拖入到"分散花"的舞台上，如图11-65所示。

图11-65 将花朵图片拖入舞台

5. 选择舞台上的图片对象，然后单击鼠标右键，在弹出的快捷菜单中选择"分离"命令，如图11-66所示。这样位图图像就被分离为舞台上连续的象素点。

图11-66 选择"分离"命令

6. 选择 工具，再在选项区选择"魔术棒"工具，然后在舞台上的空白区域（没有花的位置）单击鼠标，如图11-67所示。则此时所有底色象素点都被选择了。

图11-67 选择底色象素点

7. 按<Delete>键，可见底色象素点基本都被删除了。如图11-68所示。

图11-68 底色象素点基本都被删除

8. 选择【工具】面板中的【选择】工具、【橡皮擦】工具等，将几朵花分离开，如图11-69所示。

图11-69 将几朵花分离开

【制作"花朵"元件】

1. 将动画舞台的颜色重新调整为白色。

2. 新建一个命名为"花朵"的影片剪辑元件。

3. 在"花朵"元件的第1帧，将"分散花"元件拖入到舞台。

4. 选择第2帧，按下<F6>键，添加一个关键帧。同样，在第3帧、第4帧也都添加一个关键帧，如图11-70所示。

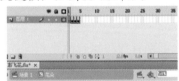

图11-70 将各帧都设置为关键帧

5. 选择第1帧。选择【修改】/【分离】命令将"分散花"元件分离，仅保留其中一个花朵，删除其余3个花朵；同样，在第2、3、4帧也都仅保留一个花朵，如图11-71所示。注意各帧的花朵都是不同的。

6. 打开【动作】面板，为每一帧都添加一个"stop()"语句，如图11-72所示。

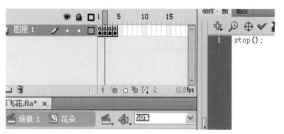

图11-71 各帧仅保留一个花朵　　　　　　图11-72 为各帧都添加一个"stop()"语句

至此，花朵元件制作完成。接下来，讲解制作"飘动"元件的方法。

【制作"飘动"元件】

1. 新建一个命名为"飘动"的影片剪辑元件。
2. 选择第1帧，将"花朵"元件拖入到舞台，打开【对齐】面板，使其与舞台中心对齐。
3. 打开【变形】面板，将实例大小调整到30%，如图11-73所示。
4. 在【属性】面板中，将实例名称定义为"leaf"，如图11-74所示。

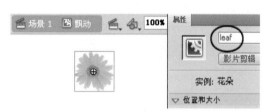

图11-73 将实例大小调整到30%　　　　　图11-74 定义实例名称为"leaf"

5. 打开【动作】面板，在代码窗口中输入如图11-75所示代码，对"leaf"对象的位置进行设置。

图11-75 对"leaf"对象的位置进行设置

代码分析：

- 行1：为对象leaf添加一个侦听器，判断如果"进入"帧，就调用fallstep函数。因此，fallstep函数被执行的次数，就与作品设置的帧频有关。一般默认为24帧/秒，这也是函数被执行的次数。
- 行3：检测是否有事件和调用发生，若有，就执行函数体中的语句。
- 行4：定义leaf对象的x坐标每次在原值的基础上，增加一个−20～20之间的随机值。这样，leaf对象就会产生一个左右摇摆的随机动作。

 Math.random()产生一个0～1之间的随机值；与40相乘后，得到一个0～40之间的随机值；再与20相减，就可以得到−20～20之间的随机值。

- 行5：定义leaf对象的y坐标每次在原值的基础上，增加一个5～10之间的随机值。这样，leaf对象就会不断向下移动。

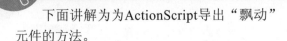
下面讲解为为ActionScript导出"飘动"元件的方法。

【导出"飘动"元件】

1. 选择【库】面板中的"飘动"元件，鼠标右键单击，打开快捷菜单，如图11-76所示。

图11-76 右键快捷菜单

2. 选择【属性】命令，打开【元件属性】对话框，如图11-77所示。

图11-77 【元件属性】对话框

3. 单击 高级 按钮，展开其链接属性。

4. 勾选【为ActionScript导出（X）】项，则要求定义导出的类名称和基类名称，设置如图11-78所示。这样，就创建了一个新的类"flower"。

图11-78 为ActionScript导出

默认情况下，"类"的名称会用元件的名称命名（本例默认的名称为"飘动"），但是为了在编程中使用方便，一般要修改为英文名称。"基类"字段的值默认为flash.display.MovieClip，一般不需要改变。

5. 单击 确定 按钮，出现如图11-79所示对话框，这是由于Flash找不到包含指定类的定义的外部ActionScript文件。一般来说，如果库元件不需要超出MovieClip类功能的独特功能，则可以忽略此警告消息。

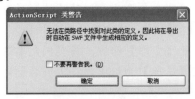

图11-79 类警告信息

6. 单击 确定 按钮，则创建了一个新的类"flower"。

下面具体讲解在ActionScript中使用"flower"类来创建新的实例对象的方法。

【使用"flower"类来创建新的实例对象】

1. 新建一个"影片剪辑"类型的元件"背景"。

2. 选择第1帧，导入一幅图片"青山.jpg"到舞台上，与舞台中心对齐。

3. 返回"场景1"中，选择第1帧，将"背景"元件拖入到舞台，调整大小使其与舞台基本相符，并与舞台中心对齐，定义其实例名称为"bg"，如图11-80所示。

图11-80 定义"背景"元件的实例名称

4. 选择第1帧，打开【动作】面板，在脚本窗口输入如图11-81所示代码，用以创建新的flower对象并定义其位置。

图11-81 创建新的flower对象

代码说明：

- 行1：为bg对象（背景）添加一个侦听器，一旦鼠标在其中按下，就调用函数create-flower。
- 行3：函数，用于响应鼠标按下的事件。
- 行4：创建一个新的flower类型的实例，实例名称为fw。
- 行5、6：实例fw的*x*、*y*坐标等于鼠标的*x*、*y*坐标。
- 行8：将flower实例fw添加到当前时间轴。
- 行9：定义一个整型变量，取值为0~3之间的整数。
- 行10：播放fw对象中的leaf对象的whichframe+1帧。这样就可以随机地显示不同的花朵。

 "Math.random() * 4" 得到的是0~4之间的随机数，是包括小数的随机实数。将其赋值给一个整型变量，则自动将后面的小数删除，只保留前面的整数。所以得到的值就只能是0、1、2、3四个整数中的一个。

5. 设计完成，保存文件；然后测试动画，可见在画面的任何位置单击鼠标，一朵朵的小花就会在鼠标位置出现，然后慢慢飘落下来。

11.5 课后作业

1. 制作一个按钮，在【正常】状态和【鼠标经过】状态下都包含有动画效果，如图11-82所示。

图11-82 动态按钮

2. 为"失落的圆明园"动画添加一个按钮，单击能够缩小观察窗，效果如图11-83所示。
3. 修改"飞翔的小鸟"动画，用鼠标在小鸟上单击来控制小鸟翅膀的挥动。
4. 试修改"五彩飞花"，不需要单击鼠标，鲜花就能够跟随鼠标不停地自动产生。如图11-84所示。

图11-83 缩小观察窗

图11-84 鲜花跟随鼠标自动产生

提示：本例可以采用两种方式来实现，一种是使用ENTER_FRAME事件，一种是使用Timer，其代码如图11-85所示。

```
1   bg.addEventListener(Event.ENTER_FRAME, createflower);
2
3   function createflower(event:Event):void {
4       var fw:flower = new flower();
5       fw.x = mouseX;
6       fw.y = mouseY;
7       // 将 flower 实例添加到当前时间轴。
8       addChild(fw);
9       var whichframe:int = Math.random() * 4;
10      fw.leaf.gotoAndPlay(whichframe+1);
11  }
```

```
1   var timer:Timer;
2   timer = new Timer(500);
3   timer.start();
4
5   timer..addEventListener(TimerEvent.TIMER, createflower);
6   function createflower(timer:TimerEvent):void {
7       var fw:flower = new flower();
8       fw.x = mouseX;
9       fw.y = mouseY;
10      // 将 flower 实例添加到当前时间轴。
11      addChild(fw);
12      var whichframe:int = Math.random() * 4;
```

图11-85 习题4的两种实现方式

第12讲

组件应用

为了简化操作步骤和降低制作难度，Flash CS5为用户提供了组件工具，使程序设计与软件界面设计分离，提高代码的可复用性。借助这些工具，用户可以方便地实现一些复杂的交互性效果，从而大大拓展了Flash的应用领域。

【本讲课时】

本讲课时为4小时。

【教学目标】

- 掌握常用组件参数的含义。
- 掌握组件的一般应用。
- 组件的控制与参数设置。

12.1 功能讲解

组件是用来简化交互式动画开发的一门技术，一次性制作，可以多人反复使用，旨在让开发人员重用和共享代码，封装复杂功能，使用户方便而快速地构建功能强大且具有一致外观和行为的应用程序。组件是带参数的影片剪辑，其中所带的预定义参数由用户在创作时进行设置。每个组件还有一组独特的动作脚本方法、属性和事件，也称为API（应用程序编程接口），使用户在运行Flash时能够设置参数和其他选项。

创建一个新的"ActionScript 3.0"文档，选择【窗口】/【组件】菜单命令，打开【组件】面板，如图12-1所示。

图12-1 组件面板

下面简单介绍"User Interface"文件夹下的几个常用组件。

- Button组件，按钮。
- CheckBox组件，复选框，被选中后框中会出现一个复选标记。
- ComboBox组件，组合框，既可以是静态的，也可以是可编辑的。使用静态组合框，用户可以从下拉列表中做出一项选择。使用可编辑的组合框，用户可以在列表顶部的文本字段中直接输入文本，也可以从下拉列表中选择一项。
- RadioButton组件，单选按钮。
- TextArea组件，带有边框和可选滚动条的多行文本字段，TextInput组件是单行文本字段。
- ScrollPane组件，滚动窗格，在一个可滚动的有限区域中显示影片剪辑、JPEG文件和SWF文件。
- Slider组件，滑块轨道，通过移动端点之间的滑块来选择值。

12.2 范例解析

每个ActionScript 3.0组件都是基于一个ActionScript 3.0类构建的，该类位于一个包文件夹中，其名称格式为fl.packagename.className。例如，Button组件是Button类的实例，其包名称为fl.controls.Button。将组件导入应用程序中时，必须引用包名称。一般可以用下面的语句导入Button类。

```
import fl.controls.Button
```

下面利用一些具体的实例来说明组件和幻灯片演示文稿的应用。

12.2.1 Button与NumericStepper——数值增减

在下面的动画示例中，使用Button组件来控制NumericStepper组件的显示和有效性，操作NumericStepper的按钮，能够改变下面Label组件显示的数值。如图12-2所示。

图12-2 Button与NumericStepper

1. 新建"ActionScript 3.0"文档。
2. 从【组件】面板中拖动"Button"组件到舞台上，定义实例名称为"aButton"。
3. 在"组件参数"中，设置【Label】参数为"Show"，如图12-3所示。

图12-3 设置组件属性

称为"aNs",如图12-4所示,其余属性不变。

图12-4 设置"NumberStepper"组件属性

4. 再拖动一个"NumberStepper"组件到舞台上,在【属性】面板中设置其实例名

5. 再拖动一个"Label"组件到舞台上,设置实例名称为"aLabel",如图12-5所示。

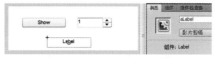

图12-5 设置"Label"组件属性

6. 在【时间轴】面板上,选择第1帧,打开【动作】面板,输入如图12-6所示代码,以关联各个组件之间的动作关系。

图12-6 输入动作脚本

主要代码说明:

行1:导入事件类;

行3:定义"NumberStepper"组件不可见;

行4:在按钮上使用手形光标;

行5:侦听鼠标单击事件;

行6:处理鼠标单击事件的函数;

行8:根据按钮标签来决定执行语句;

行10:如果标签的值为"show";

行11:设置"NumberStepper"组件可见;

行12:设置按钮的标签文字;

行13:跳出switch结构;

行29:侦听aNs数值变化事件;

行32:设置标签的文本内容。

7. 测试影片,单击按钮,"NumberStepper"组件会在可见、无效、有效、隐藏等状态之间变换,按钮的标签也会随之改变;改变"NumberStepper"组件的数值,Label组件的标签内容也会随之改变。

12.2.2 CheckBox与RadioButton——选择与判断

在下面的动画示例中,选择题目,则下面的选项有效;选择不同选项,在动态文本框中会给出不同的反馈信息,如图12-7所示。

图12-7 CheckBox与RadioButton

1. 新建 "ActionScript 3.0" 文档。

2. 从【组件】面板中拖动 "CheckBox" 组件到舞台上，定义实例名称为 "homeCh"。

3. 在 "组件参数" 中，设置【Label】属性为题目内容，如图12-8所示。

图12-8 设置 "CheckBox" 组件属性

4. 拖动一个 "RadioButton" 组件到舞台上，在【属性】面板中设置其实例名称为 "Rb1"，【groupName】属性为 "rbGroup"，【label】属性为选项的文字内容，如图12-9所示。

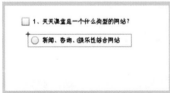

图12-9 设置 "RadioButton" 组件属性

5. 拖动一个 "RadioButton" 组件到舞台上，设置其实例名称为 "Rb1"，

【groupName】属性为 "rbGroup"，【label】属性为选项的文字内容，如图12-10所示。

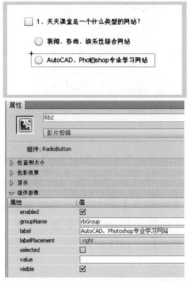

图12-10 设置第2个 "RadioButton" 组件属性

> 两个 "RadioButton" 组件的【group-Name】属性一定要相同，否则系统会认为是两个不同的选项组，可以同时选择。

6. 使用文本工具，绘制一个动态文本框，如图12-11所示，在【属性】面板中设置其实例名称为 "info"。

图12-11 绘制一个动态文本框

7. 在时间轴上，选择第1帧，打开【动作】面板，输入如图12-12所示代码，以关联各个组件之间的动作关系。

```
1   homeCh. addEventListener(MouseEvent.CLICK, clickHandler);
2   Rb1. enabled=false;
3   Rb2. enabled=false;
4
5   function clickHandler(event:MouseEvent):void {
6       Rb1. enabled=event.target. selected;
7       Rb2. enabled=event.target. selected;
8   }
9   Rb1. addEventListener(MouseEvent.CLICK, rbHandler);
10  Rb2. addEventListener(MouseEvent.CLICK, rbHandler);
11  function rbHandler(event:MouseEvent):void {
12      if (Rb1. selected) {
13          info.text="错误: "+event.target. label;
14      } else {
15          info.text="正确: "+event.target. label;
16      }
17
18  }
```

图12-12　创建动作脚本

主要代码说明：

　　行1：侦听"CheckBox"组件上的鼠标单击事件；

　　行2、3：设置Rb1、Rb2无效；

　　行5~8：处理"CheckBox"组件上的鼠标单击事件，如果鼠标事件的目标（"CheckBox"组件）被选中，则Rb1、Rb2有效，否则无效；

　　行8、9：侦听Rb1、Rb2上的鼠标单击事件；

　　行11~18：处理Rb1、Rb2上的鼠标单击事件，如果Rb1被选中，则显示错误信息和事件对象的标签内容，否则显示正确信息。

8.　测试作品，可以看到通过对题目的选择，能够控制内容的显示。

12.2.3　ComboBox组件——下拉列表

　　在下面的动画示例中，使用ComboBox组件创建一个下拉列表框。单击列表框中的某个网站选项，就会打开该网站的页面，如图12-13所示。

图12-13　ComboBox组件

1.　创建一个新的"ActionScript 3.0"文档。

2.　从【组件】面板中拖动"ComboBox"组件到舞台上，定义实例名称为"ComboBox1"，如图12-13所示。

3.　用文本工具绘制一个静态文本框，输入文本内容"请选择您要访问的网站"。

4.　在时间轴上，选择第1帧，打开【动作】面板，输入如图12-14所示代码，以定义Combo-Box组件发生变化的事件。

```
1   var web=["天天课堂","老虎工作室","人民邮电出版社"];
2   var url=["http://www.ttketang.com",
3           "http://www.laohu.net",
4           "http://www.ptpress.com.cn"];
5
6   for (var n=0; n<web.length; n++)
7   {
8       ComboBox1.addItem({label:web[n]});
9   }
10  ComboBox1.addEventListener(Event.CHANGE, myComboBox);
11  function myComboBox(evt:Event)
12  {
13      for (var n=0; n<web.length; n++)
14      {
15          if (evt.target.selectedLabel==web[n])
16          {
17              navigateToURL(new URLRequest(url[n]));
18          }
19      }
20  }
```

图12-14　添加动作脚本

主要代码说明：

　　行1：定义一个字符串数组；

　　行2~4：再定义一个字符串数组；

　　行6：用循环语句为ComboBox添加项目；

　　行10：侦听变化事件；

　　行11：处理事件；

　　行13：用数组长度作为循环控制值；

　　行15：若选择项目的标签与数组值相等；

　　行17：跳转到相应网址。

5.　测试动画，单击某个网站名称，就能够打开网页，浏览网站内容。

12.3 课堂实训

下面再通过一些具体示例的实训，讲述组件的具体应用。

12.3.1 Slider——可控的运动

在下面的动画示例中，通过拖动滑块，实时改变对象的运动位置，效果如图12-15所示。

图12-15 可控的运动

【操作提示】

1. 新建"ActionScript 3.0"文档。
2. 创建一个影片剪辑类型的元件"滑雪"，然后导入一幅图片到其舞台上。
3. 为图片对象创建一个40帧的补间动画，如图12-16所示。

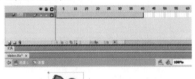

图12-16 创建一个40帧的补间动画

4. 为使动画具有较好的表现效果，在第15、25、40帧增加关键帧，调整对象的大小、位置，以表现一个有远近大小变化的滑雪动画效果，如图12-17所示。

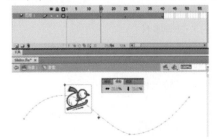

图12-17 有远近大小变化的滑雪动画

5. 返回"场景1"中，从【库】面板中将元件"滑雪"拖到舞台上，为其实例命名为"snow"。
6. 从【组件】面板中将Slider组件拖到舞台上，设置组件实例的名称为"mSlider"，宽度为430，如图12-18所示。

图12-18 设置组件实例的属性

7. 在"组件参数"中，设置Slider组件实例的【maximum】参数值为"40"，如图12-19所示，这是为了与前面滑雪动画的40帧补间动画相对应。

组件参数	
属性	值
direction	horizontal
enabled	☑
liveDragging	☑
maximum	40
minimum	1
snapInterval	0
tickInterval	0
value	0
visible	☑

图12-19 设置Slider组件实例的最大值

8. 选择"图层1"的第1帧，在【动作】面板中输入脚本，如图12-20所示。

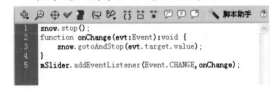

```
snow.stop();
function onChange(evt:Event):void {
    snow.gotoAndStop(evt.target.value);
}
mSlider.addEventListener(Event.CHANGE,onChange);
```

图12-20 输入脚本

9. 测试影片，拖动滑块就可以控制雪人的运动了。

12.3.2 TextInput组件——密码输入

在下面的动画示例中，首先输入密码，然后输入确认密码，单击【确定】按钮后，若两次输入密码完全相同且大于8位，则提示

密码正确，否则提示错误，效果如图12-21所示。

图12-21 密码输入

【操作提示】

1. 新建一个"ActionScript 3.0"文档。

2. 从【组件】面板中拖动两个Label组件到舞台上，分别设置其显示内容为"输入密码"和"确认密码"。

3. 在【组件】面板中拖动两个TextInput组件到舞台上，分别定义实例名称为"pwdTi"和"confirmTi"，设置这两个组件实例的【displayAsPassword】参数为"true"，如图12-22所示。

图12-22 设置两个TextInput组件的属性

4. 从【组件】面板中拖动Button组件到舞台，定义实例名称为"btn"。

5. 用文本工具绘制一个动态文本框，定义其名称为"info"。

6. 选择"图层1"的第1帧，在【动作】面板中输入脚本，如图12-23所示。

```
1 function tiListener(evt_obj:MouseEvent) {
2     if (confirmTi.text!=pwdTi.text||confirmTi.length<8) {
3         info.text="密码错误，请重新输入。";
4     } else {
5         info.text="正确。密码为： " + confirmTi.text;
6     }
7 }
8 btn.addEventListener(MouseEvent.CLICK, tiListener);
```

图12-23 动作脚本

7. 测试作品，动画就能够正确检测用户所输入的密码。

12.4 综合案例——综合素质测试

创建如图12-24所示的动画作品，在最左边显示的界面中选择所要进行的测试类型，然后自动跳转到相应的画面，进行各种素质的测试。

图12-24 综合素质测试

【操作提示】

1. 新建一个Flash文档，将配套资源中的"美图.jpg"、"国画.jpg"文件导入到【库】中。

2. 将"美图.jpg"拖入舞台作为背景。

3. 选择第3帧按<F5>键，将动画时间轴扩展到3帧。

4. 增加"图层2"，在其第1帧的舞台上，使用文本工具创建3个静态文本框，分别输入相应的提示信息。

5. 从【组件】面板中拖动TextInput组件和ComboBox组件到舞台上，如图12-25所示。

图12-25 "图层2"第1帧中的对象

6. 选择舞台上的ComboBox组件实例，打开 "组件参数"，单击【dataProvider】参 数的数值栏，打开对应的【值】面板， 设置名称与值，如图12-26所示。

图12-26 【值】面板

7. 在【prompt】参数中输入"请选择"， 如图12-27所示。

图12-27 设置参数

8. 增加 "图层3"，选择其第2帧并按<F6> 键，增加一个关键帧。

9. 绘制一个静态文本框，输入问题内容。 然后拖动2个 "RadioButton"组件到舞台 上，并修改组件参数，如图12-28所示。

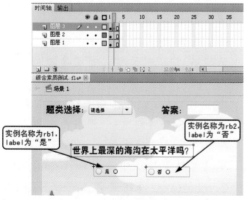

图12-28 "图层3"第2帧中的对象

10. 新建一个影片剪辑元件 "image"，在 【创建新元件】对话框中，勾选 "为Ac-tionScript"选项，如图12-29所示。

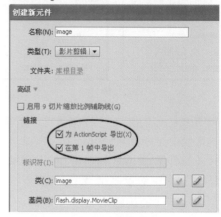

图12-29 设置链接

11. 单击 ▭确定 按钮后会出现一个警告窗 口，继续单击 ▭确定 按钮即可进入元件 image的制作窗口。

12. 从【库】中将 "国画.jpg"拖放到舞台， 其左上角与舞台中心对齐，如图12-30所 示。

图12-30 创建image元件

13. 返回 "场景1"中，选择 "图层3"第3帧 并按<F6>键，增加一个关键帧。

14. 用文本工具创建静态文本框，输入说明 文字。

15. 拖动ScrollPane组件和2个RadioButton组 件到舞台上，设置组件对象的相关参 数，如图12-31所示。

16. 选择ScrollPane组件实例，打开 "组件 参数"，设置其【source】参数为 "im-age"，如图12-32所示，以此建立与元 件image的链接。

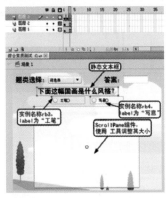

图12-31 "图层3"第3帧中的对象

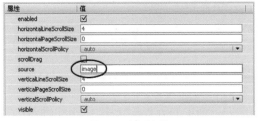

图12-32 设置参数

17. 增加"图层4",并选择其第1帧,在【动作】面板中输入如图12-33所示的脚本。

```
1  stop();
2  function  changeHandler(evt:Event){
3      answer.text = "";
4      if (evt.target.selectedLabel == "地理"){
5          gotoAndStop(2);
6      } else if (evt.target.selectedLabel == "绘画"){
7          gotoAndStop(3);
8      }
9  }
10 sel.addEventListener(Event.CHANGE, changeHandler);
```

图12-33 图层4第1帧的动作脚本

这段动作脚本中,第一条语句是停在开始界面,以便进行选择;后面的语句是定义一个侦听器函数"changeHandler",其中为事件对象指定了相应的类名称"Event",这一函数首先会让答案对应的文本框清空,获取事件目标的标签进行相应的判断,依此进行跳转;最后调用addEventListener()将侦听器函数注册到组件实例"sel","Event.

CHANGE"事件类型是指选择改变。

18. 选择第2帧并按<F7>键,增加一个空白关键帧,在【动作】面板中输入如图12-34所示动作脚本。

```
1  function changea(evt:MouseEvent){
2      if (evt.target.label == "是"){
3          answer.text = "正确";
4      }
5      if (evt.target.label == "否"){
6          answer.text = "错误";
7      }
8  }
9  rb1.addEventListener(MouseEvent.CLICK, changea);
10 rb2.addEventListener(MouseEvent.CLICK, changea);
```

图12-34 图层4第2帧的动作脚本

这段动作脚本的含义与第1帧语句类似,其中为事件对象指定了相应的类名称"MouseEvent",也就是鼠标事件。最后调用addEventListener()将侦听器函数注册到两个组件实例。

19. 选择第3帧并按<F7>键,增加一个空白关键帧,然后在【动作】面板中输入如图12-35所示的动作脚本。

```
1  function changeb(evt:MouseEvent){
2      if (evt.target.label == "写意"){
3          answer.text = "正确";
4      }
5      if (evt.target.label == "工笔"){
6          answer.text = "错误";
7      }
8  }
9  rb3.addEventListener(MouseEvent.CLICK, changeb);
10 rb4.addEventListener(MouseEvent.CLICK, changeb);
```

图12-35 图层4第3帧的动作脚本

20. 使用【控制】/【测试影片】命令测试作品,就可以从组合框的下拉列表中选择相应的题目进行测试。

12.5 课后作业

1. 利用组件制作如图12-36所示的选择判断题,选择答案后单击 确定 按钮,能够给出正误判断。

2. 使用List组件创建一个色彩选择列表,选择某个色彩后,动画就能够用该色彩绘制一个矩形框,并在下面提示选择的内容,如图12-37所示。

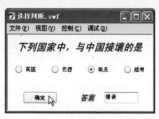　　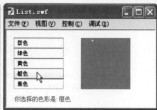

图12-36　选择判断　　　　　　　　　　　图12-37　选色画图

3. 使用TextArea组件创建两个输入文本框，其中A框中的内容只能输入字母，不能输入数字，而且A框的变化会实时复制到B框；B框的内容变化不会对A框产生影响，动画效果如图12-38所示。

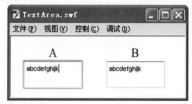　

图12-38　文本复制

4. 单击下拉框，从其中选择一个栏目，则内容出现在下面的TextArea组件中；可以改变文字的颜色、大小等，动画效果如图12-39所示。

　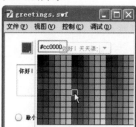　

图12-39　动态问候

第13讲

音视频的应用

声音可以使作品变得不再单调，选择优美的声音可以深化作品内涵。在许多人心目中，动画是与精巧的画面、优美的音乐联系在一起的，当然，如果能够将动态的视频引入动画，那就更令人兴奋了。Flash CS5具有良好的音频功能，能够非常方便地直接引用声音；对于视频，一般则需要经过编码转换，将其生成为Flash专用的FLV格式，然后通过组件等进行调用。

【本讲课时】

本讲课时为4小时。

【教学目标】

- 了解音视频基础知识。
- 掌握视频转换的方法。
- 掌握声音、视频的调用方法。
- 掌握使用ActionScript对音视频进行控制的方法。

13.1 功能讲解

在开始使用音视频素材资源之前，了解一些相关的专业知识，是非常有意义的。

13.1.1 音频基础知识

声音是一种连续的模拟信号——声波，它有两个基本的参数：频率和幅度。根据声波的频率不同，将其划分成声波（20Hz～20kHz）、次声波（低于20Hz）、超声波（高于20kHz）。通常人们说话的声波频率范围是300Hz～3 000Hz，音乐的频率范围可达到10Hz～20kHz。

声音的质量与音频的频率范围有关，可以分为以下几个质量等级。

- 电话语音：频率范围为200Hz～3.4kHz。
- 调幅广播，简称AM（Amplitude Modulation）广播：频率范围为50Hz～7kHz。
- 调频广播，简称FM（Frequency Modulation）广播：频率范围为20Hz～15kHz。
- 数字激光唱盘，简称CD-DA（Compact Disk-Digital Audio）：频率范围为10Hz～20kHz。

从频率范围可见，数字激光唱盘的声音质量最高，电话的语音质量最低。

一般来说，音频的音质越高，文件数据量越大，MP3声音数据经过了压缩，比WAV或AIFF声音数据量小。通常，当使用WAV或AIFF文件时，最好使用16bit、22kHz单声，但是Flash CS5只能导入采样率为11kHz、22kHz或44kHz，8bit或16bit的声音。在导出时，Flash CS5会把声音转换成采样比率较低的声音。

13.1.2 视频基础知识

视频是连续快速地显示在屏幕上的一系列图像，可提供连续的运动效果。每秒出现的帧数称为帧速率，是以每秒帧数（帧/秒）为单位度量的。帧速率越高，每秒用来显示系列图像的帧数就越多，从而使得运动更加流畅。但是帧速率越高，文件将越大。要减小文件大小，请降低帧速率或比特率。如果降低比特率，而将帧速率保持不变，图像品质将会降低；如果降低帧速率，而将比特率保持不变，视频运动的连贯性可能会达不到要求。

以数字格式录制视频和音频涉及文件大小与比特率之间的平衡问题。大多数格式在使用压缩功能时，通过选择性地降低品质来减少文件大小和比特率。压缩的本质是减小影片的大小，从而便于高效存储、传输和回放。如果不压缩，一帧的标清视频将占用接近1MB（兆字节）的存储容量。当NTSC帧速率约为30帧/秒时，未压缩的视频将以约30MB/s的速度播放，35s的视频将占用约1GB的存储容量。与之相比，以DV格式压缩的NTSC文件可将5min的视频压缩至1GB容量，并以约3.6MB/s的比特率播放。

有两种压缩类型可应用于数字媒体：空间压缩和时间压缩。空间压缩将应用于单帧数据，与周围帧无关。空间压缩可以是没有损失（不会丢弃图像的任何数据），也可以是有损失（选择性的丢弃数据），空间压缩帧通常称为帧内压缩。时间压缩会识别帧与帧之间的差异，并且仅存储差异，因此所有帧将根据其与前一帧相比的差异来进行描述，不变的区域将重复前一帧。时间压缩帧通常称为帧间压缩。

13.1.3 视频的转换

虽然有很多种视频格式，但是一般情况下，Flash并不能直接使用，而是需要将视频文件进行转换，这个转换工具就是Flash CS5配套提供的Adobe Media Encoder CS5。

默认情况下，Adobe Media Encoder CS5

会将视频编码为F4V格式，这个格式适合于Flash Player 9.0以上版本；也可以选择将视频编码FLV格式，以便适用于Flash Player 8以下的播放器版本。

Media Encoder工具的界面如图13-1所示，其使用比较简单，这里就不再赘述。

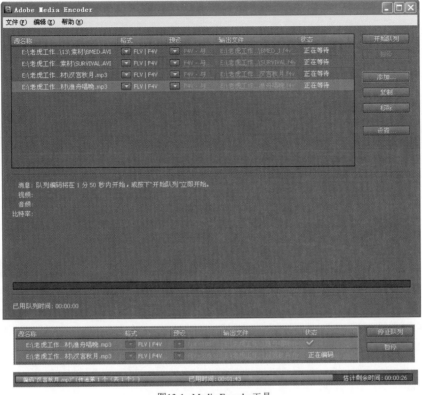

图13-1　Media Encoder工具

13.2　范例解析

下面通过几个范例来说明音视频素材的具体应用。

13.2.1　为作品配乐

为本书11.2.1设计的作品"飞鸟翩翩"添加音乐，以增强作品的艺术感染力。

1. 打开"飞鸟翩翩.fla"文档，将其另存为"飞鸟翩翩（音乐）.fla"。

2. 选择【文件】/【导入】/【导入到库】命令，从配套资源中找到"钢琴曲.mp3"音频文件，单击 打开(O) 按钮导入，则该音乐文件被导入到当前文件的库中。

3. 在【时间轴】面板中，选择【背景】层第1帧，在其【属性】面板中，单击【声

音】区中的【声音】下拉列表框，在下拉列表中选择"钢琴曲.mp3"音频对象，如图13-2所示。

图13-2　选择音频对象

4. 这时，在【时间轴】面板中，可以看到一个声波曲线充满了全部动画帧，如图13-3所示，也就是说在这个动画过程中声音会始终播放。

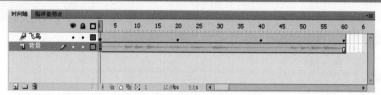

图13-3 声波曲线充满了全部动画帧

5. 测试影片，就可以在动画播放时听到柔美的音乐了。

　　在声音属性部分，还有其他一些参数，用于设置不同的音频变化效果，如图13-4所示。

　　单击【效果】下拉列表框后面的 ✐ 按钮，打开【编辑封套】对话框，如图13-5所示。利用该对话框，可以对音频的表现效果进行编辑调整。

　　【同步】下拉列表框中各选项用于设置不同声音的播放形式，如图13-6所示。

图13-4 【效果】下拉列表框

图13-5 对音频的表现效果进行编辑调整

图13-6 【同步】选项

- 　　【事件】：这是软件默认的选项，此项的控制播放方式是当动画运行到导入声音的帧时，声音将被打开，并且不受时间轴的限制继续播放，直到单个声音播放完毕，或是按照用户在【循环】中设定的循环播放次数反复播放。

- 　　【开始】：是用于声音开始位置的开关。当动画运动到该声音导入帧时，声音开始播放，但在播放过程中如果再次遇到导入同一声音的帧时，将继续播放该声音，而不播放再次导入的声音。"事件"项可以两个声音同时播放。

- 　　【停止】：用于结束声音的播放。

- 　　【数据流】：可以根据动画播放的周期控制声音的播放，即当动画开始时导入并播放声音，当动画结束时声音也随之终止。

13.2.2 声音的播放控制

　　在上节的范例中，直接将音频引入作品中播放，但是无法对声音进行控制。这个问题利用ActionScript能够方便地实现。下面我们继续在上面的范例中，利用按钮来控制声音的播放。

1. 将上例文件另存为"飞鸟翩翩（音乐控制）.fla"。

2. 在【库】面板中，选择音乐文件"钢琴曲.mp3"，单击鼠标右键，从弹出的快捷菜单中选择"属性"。

3. 在弹出的【声音属性】对话框中，选择"为ActionScript导出"项，并在【类】字段中输入一个名称，以便在ActionScript 中引用此嵌入的声音时使用。默认情况下，它将使用此字段中声音文件的名称，但是不能使用中文和句点，所以输入类的名称为"mymusic"，

如图13-7所示。

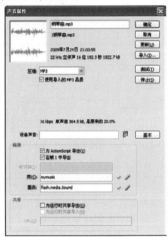

图13-7 输入类的名称

4. 单击 确定 按钮，会出现一个对话框，说明无法在类路径中找到该类的定义，

图13-9 输入新的代码

如图13-8所示。

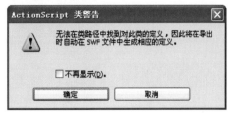

图13-8 警告对话框

5. 单击 确定 按钮，则系统自动生成一个新类，该类是从flash.media.Sound继承而来，具有其各种属性。

6. 选择"背景"层的第1帧，在【属性】面板中设置【声音】为"无"。

7. 打开【动作】面板，在原有代码的基础上，输入新的脚本代码，以控制声音的播放，如图13-9所示。

主要代码说明：

行1：定义mymusic类的一个实例snd；

行2：定义一个整型变量，用于记录音乐的播放位置；

行3：创建一个声道对象，用于声音对象的控制；

行8：让snd从当前停止位置开始播放；

行15：记录声音对象当前的播放位置；

行16：让snd停止播放。

8. 选择最后1帧，插入关键帧，在【动作】面板中输入代码，如图13-10所示，停止声音对象的播放。这样做的目的，是为了防止在动画反复播放的情况下，音乐也重叠播放。

图13-10 停止声音对象的播放

9. 测试作品，可以使用播放与停止按钮来控制动画和声音，并且能够防止声音的重复播放。

13.2.3 变换音乐

很多时候，用户需要对作品中的音乐文件进行改变。利用ActionScript，可以方便地实现这种要求，单击不同的按钮，就会播放不同的乐曲，如图13-11所示。

1. 新建一个Flash文档。

2. 在第1帧的舞台中，导入一个图像文件做背景，再用【文本】工具创建静态文本"变换音乐"。

3. 从【组件】面板中拖动"Button"组件到舞台，创建2个实例对象，并分别设置其名称和

标签内容，如图13-12所示。

图13-11 变换音乐   图13-12 创建2个 "Button" 组件实例对象

4. 选择第1帧，打开动作面板，输入如图13-13所示代码。

```
1  import flash.events.Event;
2  import flash.media.Sound;
3  import flash.net.URLRequest;
4  var check:int =0;
5  var channel1:SoundChannel;
6  var channel2:SoundChannel;
7  btn1.addEventListener(MouseEvent.CLICK, b1Click);
8  function b1Click(event:MouseEvent):void
9  {
10     if(check==2) {channel2.stop();}
11     var snd1:Sound = new Sound();
12     var req1:URLRequest=new URLRequest("素材/汉宫秋月.mp3");
13     snd1.load(req1);
14     channel1 = snd1.play();
15     check=1;
16 }
17 btn2.addEventListener(MouseEvent.CLICK, b2Click);
18 function b2Click(event:MouseEvent):void
19 {
20     if(check==1) {channel1.stop();}
21     var snd2:Sound = new Sound();
22     var req1:URLRequest=new URLRequest("素材/渔舟唱晚.mp3");
23     snd2.load(req1);
24     channel12 = snd2.play();
25     check=2;
26 }
```

图13-13 添加脚本代码

主要代码说明：

　　行1~3：导入事件类、声音类和地址请求类；

　　行4：定义标志变量，初始值为0；

　　行5、6：定义两个声道变量，每个声音对象都需要一个声道变量；

　　行7：侦听鼠标单击事件；

　　行10：如果变量等于2，则停止声道2上的声音播放；

　　行11：定义一个声音类对象；

　　行12：定义一个声音请求类对象，并赋值；

　　行13：为声音对象载入req1指定的声音文件；

　　行14：声音对象开始播放，并与声道对象关联；

　　行15：设置标志变量的值。

5. 测试作品。可以用按钮来选择播放 "汉宫秋月" 或 "渔舟唱晚" 两个不同的音乐。

13.2.4 视频的应用

　　在下面的范例中，将视频文件导入到作品中，并使其能够在舞台上运动和缩放，如图13-14所示。

图13-14 视频应用

1. 新建一个Flash文档。

2. 在 "图层1" 的第1帧舞台中导入一幅图像作为动画背景。

3. 选择第60帧，按下<F5>键，将作品长度扩展为60帧。

4. 选择【文件】/【导入】/【导入到库】命令，从打开的对话框中选择在13.1.3中转换生成的 "BMED.flv" 视频文件，则会

弹出一个【导入视频】的对话框，如图13-15所示。

图13-15 【导入视频】对话框

5. 选择【在SWF中嵌入FLV并在时间轴中播放】项，单击 下一步> 按钮，进入【嵌入】页面，如图13-16所示。

图13-16 嵌入选项

6. 这里基本不需要进行什么设置，直接单击 下一步> 按钮，出现【完成视频导入】页面，这里显示了前面设置的简单信息。

7. 单击页面上的 完成 按钮，出现一个视频导入进度条。很快，该视频就被导入到【库】面板中，如图13-17所示。

图13-17 视频就被导入到【库】中

8. 创建一个"视频剪辑"类型的视频元件"元件1"，然后将【库】中的视频文件拖入到"元件1"的舞台上，这时，会出现一个信息提示框，如图13-18所示，说明时间轴需要扩展。

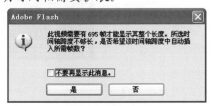

图13-18 信息提示框

9. 单击 是 按钮，则该视频文件被导入到"元件1"的舞台上，同时，时间轴也扩展到足够容纳视频内容的帧数，如图13-19所示。

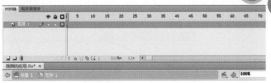

图13-19 视频文件被导入元件

10. 回到"场景1"，增加一个新的"图层2"。

11. 选择"图层2"的第1帧，然后从【库】面板中把"元件1"拖入到舞台中。现在已经可以测试并观看视频了，也可以像对待普通元件一样，对视频画面进行移动、旋转和缩放。

12. 选择第1帧，单击鼠标右键，从弹出的快捷菜单中选择"创建补间"，创建一个60帧的补间，如图13-20所示。

图13-20 创建补间

13. 在第20、40、60帧分别插入关键帧，然后将视频对象拖动到舞台的不同位置，使对象从左到右再到舞台中央运动，并适当设置对象的大小、旋转等属性，如图13-21所示。

由于视频的长度远大于60帧，为防止动画到达第60帧后返回第1帧重新播放，必须使动画在第60帧停止，但是补间动画层无法添加动作脚本。

14. 选择"图层1"，在其第60帧插入一个关键帧，在【动作】面板中，输入代码，如图13-22所示。其目的是使当前主时间轴动画停止，但是不影响视频元件对象的播放。

15. 测试作品，可以看到，视频在旋转、运动中播放，最后定格在舞台中央，非常富有动感。

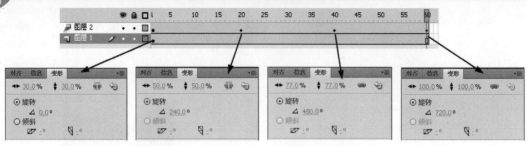

图13-21　在第20、40、60帧分别插入关键帧

图13-22　使当前主时间轴动画停止

13.2.5　使用视频组件播放视频

除了将视频直接导入到时间轴外，还可以利用组件来播放视频。

1. 新建一个Flash文档，导入一幅图片作为动画背景。

2. 选择【文件】/【导入】/【导入到舞台】命令，从打开的对话框中选择在13.1.3中转换生成的"BMED.flv"视频文件，则会弹出一个【导入视频】的对话框，如图13-23所示。

3. 在【导入视频】对话框中，选择"使用回放组件加载外部视频"项。

4. 单击 下一步> 按钮，进入【外观】页面，如图13-23所示，要求用户选择播放器的外观，其实主要是选择播放器控制条的样式。在【外观】下拉列表中，给出了很多种播放控件的外观形式，颜色也可以设置。

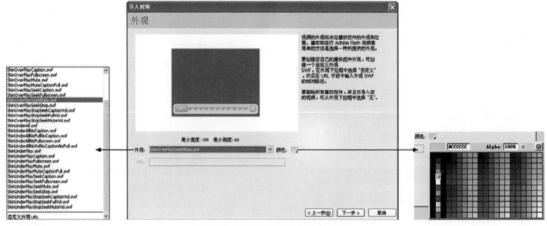

图13-23　要求用户选择播放器的外观

5. 选择一种外观样式后，单击 下一步> 按钮，出现【完成视频导入】页面。

6. 单击 完成 按钮，出现一个视频导入进度条。很快，舞台上出现了一个视频窗口，在【库】面板中也可以看到，这是一个FLVPlayback视频组件，如图13-24所示。

7. 测试作品。可以方便地用播放控制条来控制视频的播放、暂停、静音，拖动游标还能够改变播放进度位置，如图13-25所示。

图13-24 视频组件

图13-25 控制视频的播放

8. 在【组件检查器】面板中，还可以对视频组件进行一些参数设置，例如定义控制条自动隐藏、改变其透明度、颜色等，如图13-26所示。

图13-26 对视频组件进行参数设置

13.3 课堂实训

下面通过几个例子，使大家对于音频、视频的应用有更加深刻的了解。

13.3.1 为按钮添加音效

为按钮元件添加音效，也是作品设计中常见的应用。当鼠标经过按钮时，会出现一个音

效；按钮被按下，会发出另外一个音效。

【步骤提示】

1. 新建一个Flash文档，设置舞台颜色为浅黄色。
2. 将2个音频文件导入到【库】中。
3. 选择【窗口】/【公用库】/【按钮】命令，打开按钮库。
4. 从按钮库中选择某个按钮元件，将其拖放到当前舞台中，并适当放大，如图13-27所示。

图13-27 将按钮元件拖入舞台

5. 双击舞台上的按钮元件，进入元件的编辑状态。选择【指针…】帧，在【属性】面板中选择一个声音文件；再为【按下】帧选择一个声音文件，如图13-28所示。

图13-28 导入音频

6. 测试影片，在舞台中单击按钮，就可以听到不同的声音效果。

13.3.2 为视频添加水印

在很多视频节目中都可以看到有一些透明的水印，如台标、标题、字幕等。利用Flash CS5的视频组件，也能够方便地为视频

添加上自己的水印，如图13-29所示。

图13-29 视频水印

【步骤提示】

1. 新建一个Flash文件，导入一个图像文件作为动画背景。

2. 从【组件】面板中，将"Video"文件夹下的"FLVPlayback 2.5"组件拖动到舞

台上。

3. 选择舞台上的该组件，打开【属性】面板，其中【source】参数定义了组件要播放的视频文件，修改该参数，指定播放的视频文件，如图13-30所示。

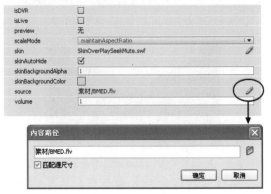

图13-30 指定组件要播放的视频文件

4. 创建一个"影片剪辑"类型的元件；在其舞台上输入文本"天天课堂"，适当设置字体、大小、色彩等，然后将文字完全分离，如图13-31所示。

图13-31 创建水印标志

5. 回到【场景1】，将水印元件拖入舞台，放置在视频组件的右上角；在属性面板中，设置其【样式】为"Alpha"，数值为50％，如图13-32所示。

图13-32 将水印元件拖入舞台并设置其透明度

6. 测试作品，就可以在视频画面上看到用户定义的水印了。

13.3.3 更换视频文件

通过对视频组件的属性修改，可以方便地更换视频文件，如图13-33所示。单击不同的按钮，组件就播放不同的视频。

图13-33 更换视频文件

1. 新建一个Flash文档。

2. 从【组件】面板中分别拖动"FLVPlayback"组件和"Button"组件到舞台上，并分别设置其实例名称、标签内容，如图13-34所示。

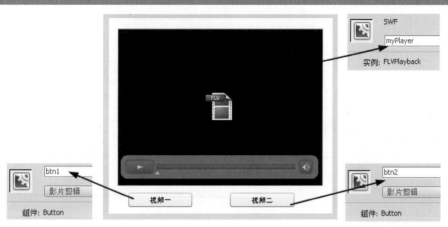

图13-34 设置组件属性

3. 选择第1帧，打开动作面板，输入如图13-35所示代码。通过对组件的"source"参数的设置，来修改组件播放的视频。

```
1   btn1.addEventListener(MouseEvent.CLICK, b1Click);
2   function b1Click(event:MouseEvent):void
3   {
4       myPlayer.source="BMED.flv";
5   }
6   btn2.addEventListener(MouseEvent.CLICK, b2Click);
7   function b2Click(event:MouseEvent):void
8   {
9       myPlayer.source="SURVIVAL.flv";
10  }
11
```

图13-35 修改组件的source参数

4. 测试作品。单击不同按钮，能够播放不同的视频。

13.4 综合案例——音量控制

使用"Slider"组件，调节当前播放的声音的音量，效果如图13-36所示。

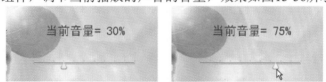

图13-36 音量控制

1. 新建一个Flash文件，导入一幅图片作为动画背景。

2. 用文本工具绘制一个动态文本框，设置文本框名称为"info"，如图13-37所示。

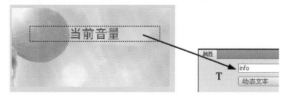

图13-37 动态文本框

3. 从【组件】面板中拖动Slider组件到舞台，设置其属性、参数如图13-38所示。

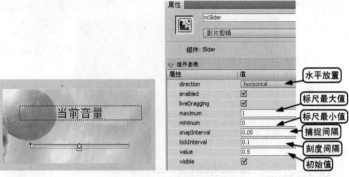

图13-38　设置Slider组件的参数

4.　选择第1帧，打开动作面板，输入如图13-39所示动作脚本。

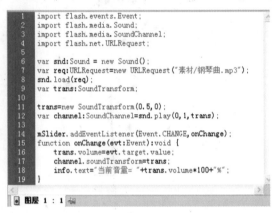

```
1   import flash.events.Event;
2   import flash.media.Sound;
3   import flash.media.SoundChannel;
4   import flash.net.URLRequest;
5
6   var snd:Sound = new Sound();
7   var req:URLRequest=new URLRequest("素材/钢琴曲.mp3");
8   snd.load(req);
9   var trans:SoundTransform;
10
11  trans=new SoundTransform(0.5,0);
12  var channel:SoundChannel=snd.play(0,1,trans);
13
14  mSlider.addEventListener(Event.CHANGE,onChange);
15  function onChange(evt:Event):void {
16      trans.volume=evt.target.value;
17      channel.soundTransform=trans;
18      info.text="当前音量= "+trans.volume*100+"%";
19  }
```

图层 1 : 1

主要代码说明：

行1~4：导入事件类、声音类、声道类、地址请求类；

行6：创建一个声音对象；

行7：获得乐曲名称；

行8：载入乐曲；

行9：定义一个声音变形类对象；

行11：创建对象，其音量属性为50%，左右声道均衡；

行12：创建声道对象，并播放声音；

行14：检测游标变化事件；

行16：trans对象的值等于标尺的值；

行17：按照trans对象的设置对声道对象变化；

行18：在文本框中输出音量值。

图13-39　输入动作脚本

5.　测试作品，可见随着游标位置的变化，乐曲的音量也不断发生变化。

13.5　课后作业

1.　在13.2.2的范例中，动画每次重复播放，音乐都是从头开始播放。是否能够让音乐连续播放呢？请读者设法实现。

2.　请为习题1作品设计一个静音按钮，单击该按钮，作品中的声音就会暂停；再次单击，声音又会继续播放。